PROFESSOR NORTON GONZÁLEZ

# Estatística
# Básica

**CM** EDITORA
CIÊNCIA MODERNA

*Estatística Básica*

**Editor:** Paulo André P. Marques
**Supervisão Editorial:** Camila Cabete Machado
**Produção Editorial:** Vivian Horta
**Copidesque:** Kelly Cristina da Silva
**Diagramação:** Janaína Salgueiro
**Capa:** Cristina S. Hodge

## FICHA CATALOGRÁFICA

*González, Norton*
*Estatística Básica*
Rio de Janeiro: Editora Ciência Moderna Ltda., 2008

1. Matemática, 2. Matemática aplicada, 3. Estatística
I — Título

ISBN: 978-85-7393-754-1                    CDD  510
                                                 519
                                                 519.5

**Editora Ciência Moderna Ltda.**
**R. Alice Figueiredo, 46 – Riachuelo**
**Rio de Janeiro, RJ – Brasil   CEP: 20.950-150**
**Tel: (21) 2201-6662 / Fax: (21) 2201-6896**
LCM@LCM.COM.BR
WWW.LCM.COM.BR                                    10/08

# Norton González

Bacharel em Administração de Empresas pela UNIFOR/CE;

Licenciado em Matemática pela UECE/CE;

Professor de Matemática e Física para Escolas Militares e Coordenador do Departamento de Matemática no Ensino Médio pelo Estado do Ceará na década de 1990;

Professor polivalente e tradutor integrante da equipe do Professor Edgar Linhares, atual Presidente do Conselho Regional de Educação do Estado do Ceará;

Professor Membro da SBM (Sociedade Brasileira de Matemática) no grau de Aspirante;

Professor Membro da AOBM (Associação Olimpíada Brasileira da Matemática) no grau de Efetivo;

Professor colaborador e assinante do periódico RPM (*Revista do Professor de Matemática - USP/SP*);

Experiências em coordenação de Cursos Preparatórios para Concursos Públicos e como professor de Matemática Básica, Financeira, Estatística e Raciocínio Lógico para concursos de nível médio e superior em Fortaleza;

# DEDICATÓRIA

À minha querida esposa Clara e à minha pequena filha Ana Clara, por todo amor, compreensão e ajuda que me deram e ainda me dão.

Aos meus queridos pais Sylvio e Sônia, pela oportunidade de vida, convivência e ensinamentos que me são dados até hoje.

Ao meu querido irmão Stéphano, pelo qual tenho grande amor e imenso carinho.

Aos meus queridos avós maternos (João e Edith), que, apesar de terem adormecido na morte, estão guardados vividamente em minha memória.

# AGRADECIMENTOS

A Jeová Deus, criador de tudo e de todos. Aquele que nos orienta e nos dá uma esperança verdadeira e que jamais falhará.

À professora Maria Junia, que muito fez por mim no início de meu magistério aqui em Fortaleza.

Ao professor e sogro Cleyster Cordeiro, pela sua infinita colaboração, atenção e amizade.

Ao professor e mestre Almir Silvério, que me ajudou e permitiu a conquista de um espaço tão difícil e tão necessário para chegar aos concursos públicos.

Aos meus professores, amigos de profissão, colegas de trabalho e alunos, que tanto me ajudaram a amadurecer e crescer profissionalmente, apesar de todas as minhas dificuldades, desde o começo de tudo, no início do ano de 1985, na garagem de minha casa em Olinda/PE, com uma pequena turma de pré-vestibular para Medicina.

Ao meu recente incentivador, colaborador e amigo Bôni Oliveira, por tudo que fez e está fazendo por mim.

Ao meu amigo e querido professor Edgar Linhares, que tanto me deu oportunidades, suporte e conselhos para crescer como educador e professor.

Ao professor e conterrâneo Sérgio Altenfelder, pela apreciação desta obra e sugestão de que a mesma fosse publicada.

# Sumário

# INTRODUÇÃO

Este livro foi feito para vocês, estudantes de concursos públicos e estudantes universitários, que estão começando a conhecer esta disciplina, costumeiramente chamada de Estatística Básica, Introdução à Estatística ou Estatística Aplicada à Administração ou à Economia em sua parte Descritiva. Com meu livro, atendo a três realidades e necessidades bem notadas em nosso País. Uma, seria a necessidade de uma base bem feita para todos aqueles que começaram agora a estudar a Estatística Descritiva. É por isso que saio da base, exercito e aprofundo paulatinamente o assunto que comecei a desenvolver. A segunda, para quem precisa relembrar o que já estudou e deseja se aprofundar. Pela distribuição bem feita e pela clareza com a qual os tópicos são apresentados, você consegue facilmente encontrar os assuntos e os exercícios que deseja no livro. E a terceira seria voltada para aqueles que desejam exercitar e aprofundar seus conhecimentos na matéria e, principalmente, em assuntos nos quais não temos respostas claras que satisfaçam nossas curiosidades e desejos de aprofundamento. Por isso, este meu livro é composto de uma série de exercícios básicos, medianos e profundos, tirados dos últimos concursos públicos e periódicos que li e selecionei. Alguns estão resolvidos e outros, deixei para que vocês possam resolvê-los. Todos têm seus respectivos gabaritos. Mas qualquer que seja a dúvida, sugestão ou correção, você, aluno que prestigiou e prestigia meus lançamentos, pode me contatar no e-mail aberto para você. Lembre-se sempre deste e-mail: norton_sng@hotmail.com

E como este livro foi feito? Durante alguns anos, li uma dezena de livros de Estatística Básica para concursos públicos e os voltados para a sua aplicação na Administração ou na Economia, enquanto ministrava minhas aulas. E, ao lê-los, mesmo com a base que tinha, nem sempre foi fácil ter o entendimento de certos assuntos em determinados trechos. A não-padronização dos símbolos e siglas representativas na Estatística e a falta, muitas vezes, da didática e clareza ideais, dificultam muito a compreensão desta matéria pelos iniciantes. E tanto certos autores como as elaboradoras de concursos públicos se esquecem da existência destes problemas e continuam, desta forma, dificultando o estudo e a compreensão dos assuntos abordados para essas pessoas interessadas. Precisei, no decorrer dos anos, para melhorar o meu material didático, recorrer a dicionários, a colegas que estudam profundamente a Estatística, a professores nos Campus Universitários ou à Internet. Procurei também respostas em alguns livros estrangeiros e sempre achei que uma boa pesquisa, quando se estuda e se ensina uma disciplina, nos proporcionará boas anotações e apostilas que podem, um dia, tornar-se um livro, principalmente quando as usamos em nossas aulas. E foi isso o que aconteceu com esta minha primeira edição.

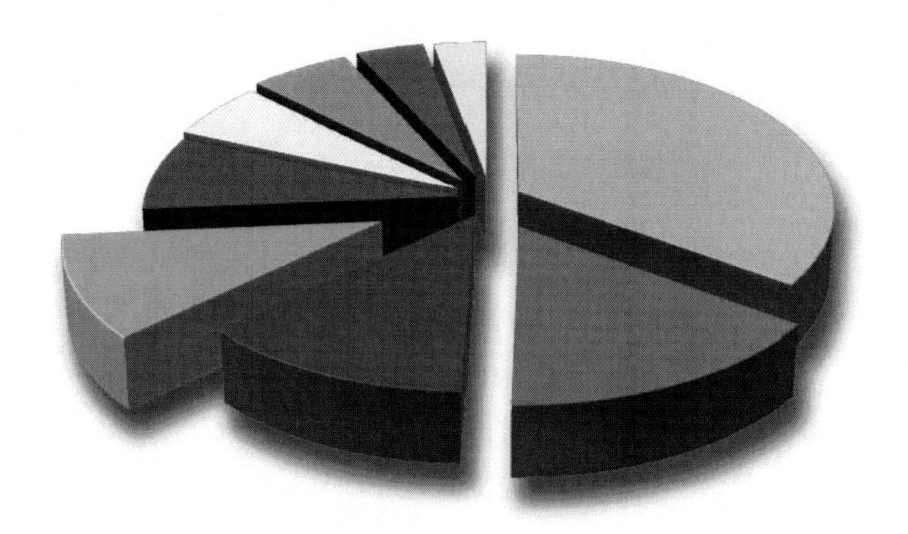

# ESTATÍSTICA BÁSICA

# Conceitos Iniciais

## 1. Introdução

A utilização da Estatística é cada vez mais acentuada em qualquer atividade profissional da vida moderna. Isto se deve às múltiplas aplicações que o método estatístico proporciona àqueles que dele necessitam. Abordaremos os tópicos mais importantes da Estatística Básica. O conteúdo programático da disciplina limita-se aos pontos introdutórios dos estudos estatísticos. A matéria a ser ministrada é suficientemente ampla e esclarecedora para servir de suporte a estudos subseqüentes de Estatística aplicada em outros concursos.

## 2. Estatística

É a ciência da coleta, organização e interpretação de fatos numéricos, que chamamos *dados*.

### 2.1. Estatística Descritiva ou Dedutiva

Encarrega-se da **coleta, organização** e **descrição** dos dados.

### 2.2. Estatística Indutiva ou Inferencial

Encarrega-se da **análise** e da **interpretação** dos dados.

## 3. População

É um conjunto universo qualquer, do qual desejamos obter informações, cujos elementos devem apresentar, pelo menos, *uma característica comum*. A população poderá ser **finita** ou **infinita**. Exemplos:

- clientes de uma empresa (finita);

- futuros clientes de uma empresa (infinita);

- peças fabricadas de um sistema de produção (finita ou infinita);

# 4. Censo

É o levantamento total da população. Neste caso, procura-se analisar individualmente cada elemento da população.

# 5. Amostragem

É o tipo de estudo estatístico que se contrapõe ao censo. Como o próprio nome sugere, aqui será utilizada uma **amostra**, ou seja, uma parte, um subconjunto da população, que terá a condição de representar o conjunto inteiro.

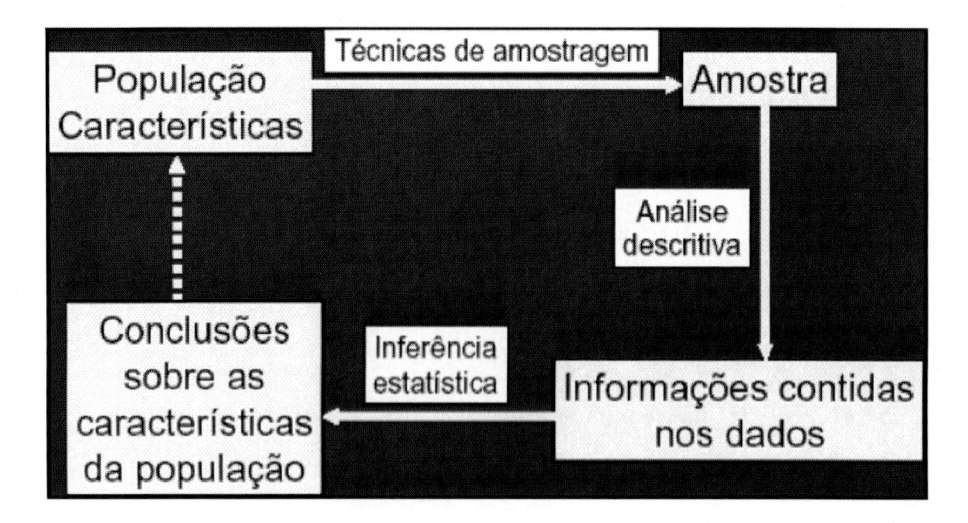

# 6. Algumas razões para a adoção da amostragem

a) Quando a população é muito grande.

b) Quando se deseja o resultado da pesquisa em curto espaço de tempo.

c) Quando se deseja gastar menos.

**Observações:**

Quando tratamos de **POPULAÇÃO**, temos **PARÂMETROS**. Quando examinamos uma **AMOSTRA**, temos **ESTATÍSTICAS**. Com base nas **ESTATÍSTICAS** (média amostral, variância amostral, etc.) obtidas por uma amostra, podemos **ESTIMAR** os verdadeiros parâmetros populacionais (média populacional, variância populacional, etc.).

Temos que lembrar que não existe amostra composta. Quando o enunciado falar em amostra aleatória simples, estará se referindo a uma das técnicas de amostragem, que é a **AAS** = Amostragem Aleatória Simples. Outros métodos de amostragem são **AAE** = Amostragem Aleatória Estratificada (quando a população é dividida em estratos mutuamente excludentes), **AS** = Amostragem Sistemática (quando a população está ordenada segundo um critério), **AC** = Amostragem por Conglomerados, entre outros.

# 7. Experimento Aleatório e Determinístico, Espaço Amostral e Evento

**Experimento Aleatório (único e imprevisível).** É qualquer observação estatística possível de ser repetida indefinidamente, em que a probabilidade de cada elemento é igual. Ex.: lançamento de um dado. Principais características:

• Pode ser realizado indefinidas vezes, mantidas as mesmas condições iniciais;

• Antes de ser realizado, não é possível afirmar qual será o resultado do experimento aleatório;

• Embora não conhecendo a priori o resultado do experimento aleatório, mesmo antes de realizá-lo, é possível descrever todos os resultados possíveis.

**Experimento Determinístico (único e previsível).** Ex.: temperatura em que a água entra em ebulição.

## Espaço Amostral

Conjunto dos resultados possíveis de um experimento aleatório.

Ex.: um dado não viciado. {1, 2, 3, 4, 5, 6}

## Evento

É o subconjunto do espaço amostral.

## Evento Certo

É um evento que sempre acontecerá. É representado por um conjunto igual ao espaço amostral.

### EVENTO IMPOSSÍVEL

É um evento que nunca acontecerá. Suas possibilidades não fazem parte do espaço amostral. Será representado pelo conjunto vazio - Ø ou { }.

### EVENTO FAVORÁVEL

É o evento que estamos estudando. Ex.: jogar um dado e desejar que saia um número par.

### EVENTO COMPLEMENTAR

É o evento que não estamos estudando. Ex.: jogamos um dado e desejamos que saia um número par e, após o lançamento, observamos um número ímpar.

### EVENTOS INDEPENDENTES

$P(x).P(y) = P(x,y)$.

### EVENTOS DEPENDENTES

$P(x).P(y) \neq P(x,y)$.

### EVENTOS MUTUAMENTE EXCLUDENTES

Dois eventos, A e B, são denominados mutuamente excludentes se não puderem ocorrer juntos.

***Regra Mnemônica para Eventos Dependentes e Eventos Independentes***

***Dependentes → Diferentes***

***Independentes → Iguais***

### OBSERVAÇÕES:

O fato de o experimento aleatório ser uniforme (a mesma probabilidade para todos os eventos) não implica que os elementos do espaço amostral sejam iguais. Ao jogar um dado e observar o resultado, os elementos do espaço-amostra são: 1, 2, 3, 4, 5, 6 (os elementos são diferentes). A probabilidade de ser sorteado o elemento 1 = probabilidade de ser sorteado o elemento 2 = probabilidade de ser sorteado o elemento 3 = probabilidade de ser sorteado o elemento 4 = probabilidade de ser sorteado o elemento 5 = probabilidade de ser sorteado o elemento 6 (TODAS AS PROBABILIDADES SÃO IGUAIS A 1/6).

## 8. Variável

É o objeto da pesquisa (aquilo que estamos investigando). Por exemplo, se perguntamos quantos livros alguém lê por ano, esta é a nossa variável: **número de livros lidos por ano**; se a pesquisa questiona qual a atura de um grupo de pessoas, então **altura** será a variável; da mesma forma, podemos pesquisar uma infinidade de outras variáveis: nível de instrução, religião, cor dos olhos, peso, estado civil, nacionalidade, raça, número de pessoas que moram na sua casa etc.

### Classificação de Variáveis

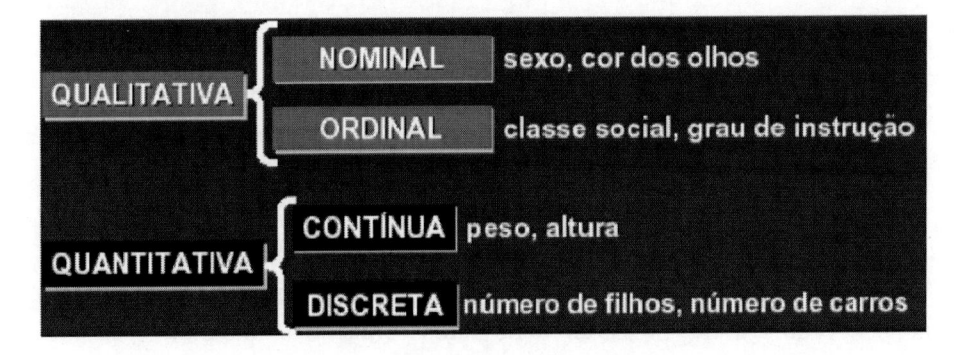

## 9. Dados Brutos

São os resultados das variáveis dispostos aleatoriamente, isto é, sem nenhuma ordem de grandeza crescente ou decrescente.

## 10. Rol

É a ordenação dos dados brutos, de um modo crescente ou decrescente.

## 11. Séries Estatísticas

É um conjunto de dados estatísticos homogêneos, tabulados, que descreve um determinado fenômeno em função da época, do local ou do próprio fato.

## ELEMENTOS DE UMA SÉRIE ESTATÍSTICA:

**Fato** – é o fenômeno que foi investigado, e cujos valores estão sendo apresentados na tabela.

**Local** – indica o âmbito geográfico ou a região onde o fato aconteceu.

**Época** – refere-se ao período, data ou tempo, quando o assunto foi investigado.

Logo, ao apresentarmos uma série estatística, devemos apresentar respostas às seguintes perguntas: o quê? Quando? Onde?

Tais perguntas serão respondidas, respectivamente, pelos elementos: descrição do fato, época e local.

Na série estatística haverá sempre um elemento que sofrerá variações.

## CLASSIFICAÇÃO DAS SÉRIES ESTATÍSTICAS

Dependendo do elemento que varia e dos elementos que permanecem fixos, as séries serão classificadas em: históricas, geográficas, específicas, conjugadas ou distribuições de freqüência.

## SÉRIES HISTÓRICAS

Varia o tempo, permanecendo fixos o local e a descrição do fenômeno. São também chamadas de séries **cronológicas, temporais** ou de **marcha.**

**Exemplo:**

## CRESCIMENTO DA POPULAÇÃO BRASILEIRA – 1940/2000

| Anos | População residente |
|:---:|:---:|
| 1940 | 41.236.315 |
| 1960 | 70.070.457 |
| 1980 | 119.002.706 |
| 2000 | 169.799.170 |

Tempo: variando (1940 a 2000)

Local: fixo – Brasil

Fenômeno: fixo – crescimento populacional

## SÉRIES GEOGRÁFICAS

Varia o local, permanecendo fixos o tempo e a descrição do fenômeno. São também chamadas de séries **espaciais, territoriais** ou de **localização**.

**Exemplo:**

### MAIORES RESERVAS DE PETRÓLEO DO PLANETA – 2003

| Países | População residente |
|--------|---------------------|
| Arábia Saudita | 262,0 |
| Iraque | 112,5 |
| Emirados Árabes | 98,0 |
| Kuweit | 96,5 |
| Irã | 90,0 |

Local: variando (países)

Tempo: fixo – 2003

Fenômeno: fixo – maiores reservas de petróleo

## SÉRIES ESPECÍFICAS

Varia a descrição do fenômeno, permanecendo fixos o local e o tempo. São também chamadas de séries **especificativas** ou **categóricas**.

**Exemplo:**

### CLASSIFICAÇÃO DOS 4 MAIORES BANCOS DO PAÍS – 2002 - BRASIL

| Bancos | US$ (Milhões) |
|--------|---------------|
| Bradesco | 4.498,6 |
| Banco do Brasil | 3.955,6 |
| Itaú | 3.229,7 |
| Unibanco | 2.702,1 |

Fenômeno: variando (Bancos)

Tempo: fixo – 2002

Local: fixo – Brasil

## Séries Conjugadas (ou Mistas, ou Compostas)

Estas são séries que resultam de uma combinação de, pelo menos, duas das séries vistas anteriormente.

**Exemplo:**

| Anos | Gastos (R$) | |
|------|-------------|---------|
| | Material | Pessoal |
| 2002 | 100.000,00 | 21.000,00 |
| 2003 | 110.500,00 | 23.300,00 |
| 2004 | 120.100,00 | 24.900,00 |
| 2005 | 130.200,00 | 26.500,00 |

As informações variam em dois sentidos: por ano (vertical) e por especificação de fenômeno observado (horizontal – gastos com material e gastos com pessoal).

## Distribuição de Freqüências

Na distribuição de freqüências, os dados são ordenados segundo um critério de magnitude, em classes ou intervalos, permanecendo constantes o fato, o local e o tempo, isto é, existe uma subdivisão do fenômeno.

**Exemplo:**

**PEDIDOS DE MERCADORIAS – 2005 – BRASIL**

| Pesos (kg) | Nº de Pedidos |
|------------|---------------|
| 0 — 2 | 20 |
| 2 — 4 | 100 |
| 4 — 6 | 200 |
| 6 — 8 | 150 |

Fenômeno: fixo, mas subdividido

Tempo: fixo – 2004

Local: fixo – Brasil

Daremos ênfase à distribuição de freqüências, por tratar-se do mais relevante tipo de série estatística, estando presente em praticamente todos os assuntos posteriores a serem estudados.

# 12. Normas para Apresentação de Dados Estatísticos

Um dos objetivos da estatística é resumir os dados ou valores que uma ou mais variáveis possam assumir, a fim de que se tenha uma síntese da variação dessa ou dessas variáveis.

### Conceito de Tabela

É um quadro que sintetiza um conjunto de observações, tendo como objetivo uniformizar e racionalizar as informações obtidas, para que seja simples e fácil sua percepção. Dessa forma, uma tabela deve ser construída de modo a fornecer o máximo de esclarecimentos com o mínimo de espaço.

### Elementos Fundamentais de uma Tabela

a) **Título** – É a indicação contida na parte superior da tabela, onde deve estar definido o **fato** observado, com especificação de **local** e **época** referentes a esse fato. Ex.:

**NÚMERO DE ASSASSINATOS – SÃO PAULO – 2005**

b) **Corpo** – É constituído por **linhas** e **colunas**, que fornecem o conteúdo das informações prestadas. Ex.:

c) **Cabeçalho** – É a parte da tabela que apresenta a natureza do conteúdo de cada coluna. Ex.:

| Locais | Quantidade de Ocorrências |
|---|---|
|  |  |

d) **Coluna Indicadora** – Nela, é indicado o conteúdo das linhas. Ex.:

|  |  |
| --- | --- |
| **Fortaleza** | |
| **Cidades Litorâneas** | |
| **Cidades do Agreste do CE** | |

## Elementos Complementares de uma Tabela Estatística

a) **Fonte** – Designa a entidade que forneceu os dados estatísticos.

b) **Notas** – Esclarecimentos de natureza geral.

c) **Chamadas** – Esclarecimentos de natureza específica.

## Observações sobre a Construção de uma Tabela

São apenas recomendações acerca do aspecto formal que uma tabela deve apresentar.

• A tabela não deve ser fechada lateralmente.

• As casas (células) não deverão ficar em branco, apresentando sempre um número ou sinal convencional.

## Sinais Convencionais.

a) **Três Pontos (...)**: quando o dado existe, mas não o conhecemos, ou seja, não dispomos dele;

b) **Traço Horizontal (—)**: quando o dado não existe;

c) **Ponto de Interrogação (?)**: quando há dúvida quanto à exatidão de determinado dado;

d) **A letra "zê" (Z)**: quando o dado for rigorosamente zero.

e) **O "zero" (0)**: quando o valor é muito pequeno para ser expresso pela unidade adotada.

# 13. Tipos de Tabela

## Tabela Simples (Unidimensional)

É aquela que apresenta dados ou informações relativas a uma única variável.

**Exemplo:**

| Preferência por um Time de Futebol | % de Torcedores |
|:---:|:---:|
| Flamengo | 27 |
| Corinthians | 22 |
| São Paulo | 19 |
| Palmeiras | 17 |
| Santos | 15 |
| **Total** | **100** |

## Tabela de Dupla Entrada ou Cruzada (Bidimensional)

É a que apresenta, por sua vez, dados ou informações relativas a mais de uma variável.

**Exemplo:**

| Preferência por um Programa de Rádio | Sexo | | Total |
|:---:|:---:|:---:|:---:|
| | Masculino | Feminino | |
| Noticiário | 08 | 05 | 13 |
| Musical | 10 | 10 | 20 |
| Novela | 07 | 15 | 22 |
| Esportivo | 15 | 06 | 21 |
| Outros | 05 | 03 | 08 |
| **Total** | **45** | **39** | **84** |

# Exercícios de Recapitulação I

1. CONSIDERA-SE EVENTO COMO SENDO:

a) Uma experiência feita para o conhecimento de determinado fenômeno.

b) Qualquer fato que possa ser repetido sob as mesmas condições.

c) O resultado proveniente de um experimento aleatório.

d) O mesmo que experimento aleatório.

e) Um experimento aleatório com um resultado probabilístico.

2. UM NAVIO ENCONTRA-SE CARREGADO DE FEIJÃO EM UM DETERMINADO PORTO. DESEJA-SE SABER SE A QUALIDADE DO FEIJÃO É BOA, E PARTE DESSE FEIJÃO É EXAMINADA. CONSIDERE AS AFIRMATIVAS:

1) População é a carga do navio.

2) População é toda a produção de feijão do lugar onde se originou a carga do navio.

3) Amostra é a carga do navio.

4) Amostra é a parte examinada.

AS AFIRMATIVAS **ERRADAS** SÃO:

a) 1, 2, 3.

b) 4, 1, 3.

c) 2, 3.

d) 2, 4.

3. AMOSTRA DE UMA POPULAÇÃO É:

a) Qualquer elemento que possamos retirar da população.

b) Uma parte da população, quando esta é dividida em partes iguais.

c) Uma parte da população da qual se podem tirar conclusões sobre a população.

d) Nenhuma das anteriores.

4. A PARCELA DE UMA POPULAÇÃO, CONVENIENTEMENTE ESCOLHIDA PARA REPRESENTÁ-LA, É:

a) Variável.

b) Rol.

c) Dados brutos.

d) Amostra.

5. PARA A REALIZAÇÃO DE UMA AUDITORIA EM UMA FIRMA, 16 CONTAS, DENTRE AS 120 POR ELA MANTIDAS, FORAM ALEATORIAMENTE SELECIONA-DAS PARA VERIFICAÇÃO DA PRESENÇA DE ERRO OU NÃO.

1) A população consiste em todas as contas mantidas pela firma.

2) A variável observada é do tipo nominal.

3) A amostra consiste nas 16 contas selecionadas.

PODE-SE AFIRMAR QUE:

a) Apenas 1 é correta.

b) Apenas 2 é correta.

c) Apenas 3 é correta.

d) Apenas 1 e 3 são corretas.

e) 1, 2 e 3 são corretas.

6. NUMA CERTA LOCALIDADE, ENTREVISTARAM-SE 25 DOS CLIENTES DE UMA DETERMINADA AGÊNCIA BANCÁRIA, QUE DEVERIAM CLASSIFICAR SEU SERVIÇO COMO: EXCELENTE, MUITO BOM, BOM, RAZOÁVEL OU RUIM. SABE-SE QUE 12% DOS ENTREVISTADOS RECUSAM-SE A RESPONDER. PODE-SE AFIRMAR QUE A POPULAÇÃO NESSE ESTUDO CONSISTE EM:

a) Todas as agências bancárias dessa localidade.

b) Todos os 25 clientes entrevistados.

c) Todos os 22 clientes que efetivamente responderam à avaliação.

d) Todos os clientes desta agência.

e) Todos os serviços prestados por essa agência.

7. AO NASCER, OS BEBÊS SÃO PESADOS E MEDIDOS, PARA SABER SE ESTÃO DENTRO DAS TABELAS DE PESO E ALTURA ESPERADOS. ESTAS DUAS VARIÁVEIS SÃO:

a) Qualitativas.

b) Ambas discretas.

c) Ambas contínuas.

d) Contínua e discreta, respectivamente.

e) Discreta e contínua, respectivamente.

8. AS VARIÁVEIS ALEATÓRIAS QUALITATIVAS DIVIDEM-SE EM:

a) Discretas e contínuas.

b) Nominais e contínuas.

c) Ordinais e discretas.

d) Nominais e ordinais.

9. AS VARIÁVEIS ALEATÓRIAS QUANTITATIVAS DIVIDEM-SE EM:

a) Nominais e ordinais.

b) Somente contínuas.

c) Somente discretas.

d) Discretas e contínuas.

10. QUANDO NECESSITAMOS DE UMA VARIÁVEL QUE NOS FORNEÇA UMA ORDENAÇÃO HIERÁRQUICA, UTILIZAMOS A VARIÁVEL:

a) Nominal.

b) Ordinal.

c) Quantitativa.

d) Discreta.

11. CLASSIFIQUE, RESPECTIVAMENTE, AS VARIÁVEIS ALEATÓRIAS ABAIXO:

1) Tempo decorrido entre uma pergunta e a resposta a essa pergunta.

2) Número de acidentes na construção civil no espaço de um mês.

3) Nacionalidade de um cidadão.

4) Classe social de uma pessoa.

a) Discreta, contínua, ordinal e nominal.

b) Contínua, discreta, ordinal e nominal.

c) Discreta, contínua, nominal e ordinal.

d) Contínua, discreta, nominal e ordinal.

12. Com relação às variáveis aleatórias abaixo, assinale a alternativa correta:

1) Nível de escolaridade.

2) Classe social.

3) Patente militar.

4) Geração de um computador.

a) Apenas 1 e 3 são ordinais.

b) Apenas 1, 2 e 3 são ordinais.

c) Apenas 4 não é ordinal.

d) Todas são ordinais.

13. AS VARIÁVEIS ALEATÓRIAS ABAIXO SE CLASSIFICAM COMO:

1) Estado civil.

2) Religião.

3) Marca de um automóvel.

4) Sexo.

a) Quantitativas nominais.

b) Quantitativas ordinais.

c) Qualitativas nominais.

d) Qualitativas ordinais.

14. O NÚMERO DE DEFEITOS APRESENTADOS POR UM EQUIPAMENTO ELETRÔNICO É UM EXEMPLO DE VARIÁVEL:

a) Quantitativa contínua.

b) Quantitativa discreta.

c) Qualitativa nominal.

d) Qualitativa ordinal.

15. AS VARIÁVEIS ALEATÓRIAS ABAIXO SE CLASSIFICAM COMO:

1) Raça de um indivíduo.

2) Conceito escolar (I, R, B, E).

3) Número de caras obtidas ao lançarmos uma moeda 10 vezes.

4) Tempo de duração de uma luminária.

a) Ordinais, nominais, discretas e contínuas.

b) Nominais, ordinais, discretas e contínuas.

c) Nominais, ordinais, contínuas e discretas.

d) Ordinais, nominais, contínuas e discretas.


16. PARTE DE UMA POPULAÇÃO CONTENDO, SE POSSÍVEL, TODAS AS SUAS CARACTERÍSTICAS, É:

a) Uma variável aleatória.

b) Um rol.

c) Uma amostra aleatória.

d) Nenhuma das anteriores.


17. SÃO RAZÕES QUE NOS LEVAM À UTILIZAÇÃO DAS AMOSTRAS:

a) Quando a população é considerada grande.

b) Quando a população é heterogênea.

c) Obter informações sobre a população em curto espaço de tempo.

d) Todas as anteriores.

18. SÃO OBTIDAS, PARA ESTUDO, AS ALTURAS DE 100 ALUNOS DE UM COLÉGIO. ESSE CONJUNTO REPRESENTA:

a) Uma amostra aleatória das alturas.

b) Os dados brutos das alturas.

c) Um exemplo de variáveis quantitativas contínuas.

d) Todas as anteriores.

19. INDIQUE, EM CADA UM DOS CASOS ABAIXO, SE A VARIÁVEL É DISCRETA (D), CONTÍNUA (C) OU UM ATRIBUTO (A):

( ) O número de livros de uma biblioteca.

( ) O tipo sangüíneo de uma pessoa.

( ) As temperaturas registradas em certo dia numa cidade.

( ) As alturas dos alunos de uma classe.

( ) O sexo de uma pessoa.

( ) O número de filhos de um casal.

( ) Os pesos das pessoas de uma família.

( ) O estado civil de uma pessoa.

( ) A área de um círculo.

( ) Religião.

**Gabarito: D, A, C, C, A, D, C, A, C, A.**

20. UM FABRICANTE DE PASTAS DE DENTES QUER FAZER UM ESTUDO SOBRE A SAÚDE DENTÁRIA DOS ESTUDANTES DE UMA CIDADE. PARA ISSO, FOI A 20 ESCOLAS E EXAMINOU 30 ALUNOS DE CADA ESCOLA, PARA VER SE TINHAM CÁRIES E, EM CASO DE PRESENÇA DESTAS, QUANTAS HAVIA. RESPONDA:

a) Como se chama este estudo?  **(Estudo Estatístico Descritivo)**

b) Qual a população?  **(Estudantes de uma cidade)**

c) Qual a amostra?  **(600 alunos)**

d) Qual o tipo de variável?  **(Discreta)**

ASSINALE A ALTERNATIVA **CORRETA:**

21. POPULAÇÃO OU UNIVERSO É:

a) Conjunto de pessoas.

b) Conjunto de indivíduos apresentando uma característica especial.

c) Conjunto de todos os indivíduos apresentando uma característica comum do objeto de estudo.

22. A SÉRIE ESTATÍSTICA É CHAMADA CRONOLÓGICA QUANDO:

a) O elemento variável é o tempo.

b) O elemento variável é o local.

c) Não tem elemento variável.

d) O elemento variável é o fenômeno.

23. ESTABELECER QUAIS ENTRE OS DADOS SEGUINTES SÃO DISCRETOS E QUAIS SÃO CONTÍNUOS:

a) Número de ações vendidas diariamente na bolsa de valores.

b) Temperaturas registradas em um posto de meteorologia.

c) Vida média das válvulas de televisão produzidas por uma determinada companhia.

d) Salários anuais de professores do colégio.

e) Comprimentos de 1000 parafusos produzidos por uma fábrica.

f) Quantidade de litros de água numa máquina de lavar roupa.

g) Soma de pontos obtidos ao lançar um par de dados.

**GABARITO: D, C, C, C, C, C, D.**


24. ASSINALE A ALTERNATIVA **FALSA**:

a) Faz-se um levantamento por censo quando todos os elementos da população são pesquisados.

b) Faz-se um levantamento por amostragem quando se pesquisa parte dessa população e, com base no subconjunto pesquisado, pode-se tirar conclusão acerca da população.

c) A decisão entre os tipos de levantamento a serem realizados, censo e amostragem, depende de prazo para a realização da pesquisa e recursos financeiros disponíveis, entre outras variáveis que possam implicar em vantagens ou desvantagens do censo e da amostragem.

d) As afirmações contidas nas alternativas a e c são falsas.

25. CONSIDERANDO A TABELA A SEGUIR INDICADA, PODE-SE CONCLUIR QUE SEUS DADOS REFLETEM UMA SÉRIE:

| PRODUTOS | QUANTIDADE (ton.) |
|----------|-------------------|
| CAFÉ | 400.000 |
| AÇÚCAR | 200.000 |
| MILHO | 100.000 |
| FEIJÃO | 20.000 |

a) Especificativa ou específica.

b) Geográfica.

c) Temporal.

d) Distribuição de Freqüência.

26. ASSINALE A **VERDADEIRA**:

a) Dados brutos são aqueles que estão numericamente organizados.

b) Rol é um arranjo de dados numéricos brutos.

c) O conjunto de alturas de 100 estudantes, do sexo masculino, de uma universidade, arranjados em ordem crescente ou decrescente de grandeza, é um exemplo de rol de dados.

27. ASSINALE A OPÇÃO **CORRETA**:

a) Estatística Inferencial compreende um conjunto de técnicas destinadas à síntese de dados numéricos.

b) O processo utilizado para medir-se as características de todos os membros de uma dada população recebe o nome de censo.

c)A estatística Descritiva compreende as técnicas por meio das quais são tomadas decisões sobre uma população com base na observação de uma amostra.

d) Uma população só pode ser caracterizada se forem observados todos os seus componentes.

e) Parâmetros são medidas características de grupos, determinadas por meio de uma amostra aleatória.

28. ASSINALE A OPÇÃO **CORRETA**:

a) Em Estatística, entende-se por população um conjunto de pessoas.

b) A variável é discreta quando pode assumir qualquer valor dentro de determinado intervalo.

c) Freqüência Relativa de uma variável aleatória é o número de repetições dessa variável.

d) A Série Estatística é cronológica quando o elemento variável é o tempo.

e) Amplitude Total é a diferença entre dois valores quaisquer do atributo.

29. MARQUE A OPÇÃO **CORRETA**:

a) Um evento tem, no mínimo, dois elementos de espaço amostral de um experimento aleatório.

b) Em um experimento aleatório uniforme, todos os elementos do espaço amostral são iguais.

c) Dois experimentos aleatórios distintos têm, necessariamente, espaços-amostra distintos.

d) Uma parte não nula de espaço amostral de um experimento aleatório define evento.

e) Um experimento aleatório pode ser repetido indefinidamente, mantidas as condições iniciais.

# GABARITO

| 1. C | 2. C | 3. C | 4. D |
|------|------|------|------|
| 5. D | 6. D | 7. C | 8. D |
| 9. D | 10. B | 11. D | 12. D |
| 13. C | 14. B | 15. B | 16. C |
| 17. D | 18. D | 19. # | 20. # |
| 21. C | 22. A | 23. # | 24. D |
| 25. A | 26. C | 27. B | 28. D |
| 29. E | | | |

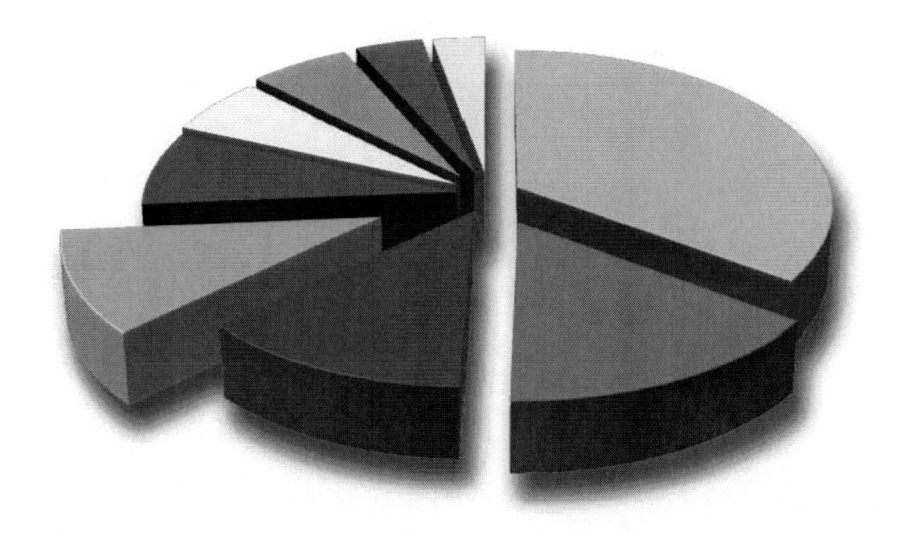

# ORGANIZAÇÃO DE DADOS ESTATÍSTICOS

# DISTRIBUIÇÃO DE FREQÜÊNCIAS

## INTRODUÇÃO:

Para um melhor entendimento sobre o conceito de "Distribuição de Freqüências", usaremos o seguinte exemplo.

Um professor, ao aplicar um teste em uma turma, deseja fazer uma pesquisa sobre a estatura dos seus 50 alunos. A lista dos resultados obtidos foi a seguinte (dados brutos):

| | | | | | | | | | |
|---|---|---|---|---|---|---|---|---|---|
| 1,75 | 1,71 | 1,67 | 1,93 | 1,84 | 1,67 | 1,93 | 1,82 | 1,58 | 1,62 |
| 1,68 | 1,70 | 1,64 | 1,50 | 1,78 | 1,76 | 1,68 | 1,69 | 1,64 | 1,69 |
| 1,57 | 1,74 | 1,69 | 1,74 | 1,67 | 1,74 | 1,59 | 1,67 | 1,65 | 1,81 |
| 1,82 | 1,58 | 1,56 | 1,72 | 1,69 | 1,81 | 1,73 | 1,74 | 1,68 | 1,77 |
| 1,76 | 1,57 | 1,59 | 1,88 | 1,76 | 1,88 | 1,82 | 1,71 | 1,74 | 1,76 |

Para a elaboração da Distribuição de Freqüências dos dados acima, precisamos realizar os seguintes passos:

**1º Passo:** definição do **Número de Classes (i)**.

Utilizam-se, normalmente, duas maneiras distintas para se determinar este valor:

a) *Regra de Sturges:* **$i = 1 + 3,3 \log(N)$**

b) *Regra do Quadrado:* **$i = \sqrt{N}$**

Em que **N é o Número de Elementos do Conjunto**. Neste último caso, utilizaríamos o quadrado perfeito mais próximo.

**2º Passo:** cálculo da *Amplitude Amostral (AA)*. É a diferença entre seu maior e seu menor elemento quando feito o rol do conjunto $(X_{máx.} - X_{min.})$.

**3º Passo:** cálculo da *Amplitude do Intervalo de Classes (h)*. Terá que ser maior do que o quociente entre a **AA** (Amplitude Amostral) e o i (Número de Classes de uma Distribuição de Freqüências):

$$h > \frac{AA}{i}$$

**4º Passo:** escolher os Limites de Classe, preferindo, sempre que possível, números inteiros.

**5º Passo:** construir, finalmente, a Tabela de Freqüências.

Agrupando os Resultados por Classes ou Intervalos, obteremos a seguinte Distribuição de Freqüências para o exemplo acima:

| Alturas (em metros) | Freqüências (fi) |
|:---:|:---:|
| 1,50 ⊢ 1,60 | 8 |
| 1,60 ⊢ 1,70 | 15 |
| 1,70 ⊢ 1,80 | 17 |
| 1,80 ⊢ 1,90 | 8 |
| 1,90 ⊢ 2,00 | 2 |
| **Total** | **50** |

O arranjo ou organização dos Dados Brutos por Classes, junto com as freqüências correspondentes, é chamado de Distribuição de Freqüências.

**Importante:** conforme dito anteriormente, a Distribuição de Freqüências é também um tipo de série estatística. Somente a utilizaremos em duas situações:

a) Quando os Dados da Amostra forem contínuos. (Lembrando: Dados Obtidos por Medição)

b) Quando os Dados da Amostra forem discretos (Lembrando: Dados Obtidos por Contagem), porém, em número acima de 30 (trinta) elementos.

*Importantíssimo:* A ESAF – Escola de Administração Fazendária – que é uma das principais elaboradoras de provas de concursos, somente admite que a Distribuição de Freqüências seja utilizada para dados contínuos. Obviamente, adotaremos esta corrente.

## Elementos de uma Distribuição de Freqüências:

a) **Classes:** são os intervalos de variação em uma variável. São representados por i = 1, 2, 3, 4, ..., k; onde **k** é o número total de Classes da Distribuição.

b) **Freqüência de uma Classe:** indica o Número de Elementos de uma Classe, isto é, o total de vezes que cada valor entra na constituição de uma classe.

c) **Intervalo de Classe:** é o Conjunto de Números que constitui o intervalo. É a forma mais comum de agrupar os dados.

## Os intervalos de classe são:

1) 3|—5: fechado à esquerda e aberto à direita. Inclui o limite inferior e exclui o limite superior.

2) 3—|5: aberto à esquerda e fechado à direita. Exclui o limite inferior e inclui o limite superior.

3) 3|—|5: fechado à esquerda e à direita. Inclui os dois limites.

4) 3—5: aberto à esquerda e à direita. Exclui os dois limites.

d) **Limites de Classe:** são os extremos de uma classe.

l = limite Inferior

L = limite Superior

e) **Ponto Médio de uma Classe:** é aquele que divide o intervalo de classe em partes iguais. Chamaremos **Ponto Médio** de **PMi**, e o calcularemos do seguinte modo: **PMi = (L+l)/2.**

**Importante**: o Ponto Médio de uma Classe é o seu legítimo representativo. Os Pontos Médios de uma Distribuição de Freqüências estão em progressão aritmética, isto é, a diferença entre eles é constante.

f) **Amplitude de um Intervalo de Classe**: é a medida do intervalo que define a classe. É obtida pela diferença entre os Limites Superior e Inferior dessa classe, e indicada po **h**. Temos, então:

$$h = L\text{-}l$$

**Importante**: a diferença entre os pontos médios é também igual à Amplitude de Classe.

**Obs.:** o Limite Superior de uma Classe é o Ponto Médio do Intervalo dessa Classe somado com a metade da Amplitude da Classe. Temos, então:

$$L = PMi + (h/2)$$

**Obs.:** o Limite Inferior de uma Classe é o Ponto Médio do Intervalo dessa Classe subtraído da metade da Amplitude de Classe. Logo:

$$l = PMi - (h/2)$$

g) **Amplitude Total da Distribuição**: é a diferença entre o Limite Superior da Última Classe (Limite Superior Máximo) e o Limite Inferior da Primeira Classe (Limite Inferior Mínimo). É designada por **AT**.

$$AT = Luc - luc$$

# Tipos de Freqüências:

## Freqüência Simples ou Absoluta (fi)

*Indica quantos elementos da amostra pertencem a cada classe.*

**Obs.:** a soma das Freqüências Absolutas é chamada de Freqüência Total ou Tamanho da Amostra, e corresponde ao Número Total dos Dados, geralmente denotada por **N**.

## Freqüência Absoluta Acumulada Crescente (fac)

*Indica o Número Inferior ao Limite Superior da Classe.*

É a soma da Freqüência Absoluta de uma Classe com as Freqüências Absolutas de todas as Classes **Anteriores**. É conhecida, também, como freqüência **"Abaixo de"**.

## Freqüência Absoluta Acumulada Decrescente (fad)

*Indica o Número Superior ao limite Inferior da Classe.*

É a soma da Freqüência Absoluta de uma Classe com as Freqüências Absolutas de todas as Classes **Posteriores**. É conhecida, também, como freqüência **"Acima de"**.

## Freqüência Relativa (Fi)

*Indica, em porcentagem, o Número de Elementos de cada Classe.*

É determinada quando dividimos a Freqüência Absoluta de cada Classe pela Freqüência Total, isto é, pelo Tamanho da Amostra. Ou seja:

$$Fi = \left( \frac{fi}{\sum fi} \right)$$

Para o seu cálculo em porcentagem, basta multiplicar o seu valor por 100 e acrescentar o sinal %.

**Obs.:** a soma das Freqüências Relativas será igual a **um** (ou bastante próximo a um).

### Freqüência Relativa Acumulada Crescente (Fac)

*Indica a Porcentagem Inferior ao Limite Superior da Classe.*

É a soma da Freqüência Relativa de uma Classe com as Freqüências Relativas de todas as Classes **Anteriores**. É conhecida, também, como Freqüência Relativa **"Abaixo de"**.

### Freqüência Relativa Acumulada Decrescente (Fad)

*Indica a Porcentagem Superior ao Limite Inferior da Classe.*

É a soma da Freqüência Absoluta de uma Classe com as Freqüências Absolutas de todas as Classes **Posteriores**. É conhecida também, como Freqüência Relativa **"Acima de"**.

## Exercícios de Recapitulação II

1. COMPLETE A DISTRIBUIÇÃO DE FREQÜÊNCIAS ABAIXO:

| Classes | PMi | fi | fac | fad | Fi |
|---------|-----|------|-----|-----|-----|
| 0⊢8 | | 4 | | | |
| 8⊢16 | | 10 | | | |
| 16⊢24 | | 14 | | | |
| 24⊢32 | | 9 | | | |
| 32⊢40 | | 3 | | | |
| | | $\sum fi$ ou N = | | | |

2. DE ACORDO COM A DISTRIBUIÇÃO DE FREQÜÊNCIAS ABAIXO, DE-TERMINE:

| Classes (m²) | fi |
|---|---|
| 300⊢400 | 14 |
| 400⊢500 | 46 |
| 500⊢600 | 58 |
| 600⊢700 | 76 |
| 700⊢800 | 68 |
| 800⊢900 | 62 |
| 900⊢1000 | 48 |
| 1000⊢1100 | 22 |
| 1100⊢1200 | 6 |
| | N= |

a) A Amplitude Total;

b) O Limite Superior da 5ª classe;

c) O Limite Inferior da 8ª classe;

d) O Ponto Médio da sétima classe;

e) A Amplitude do Intervalo da segunda classe;

f) A Freqüência Absoluta da quarta classe;

g) A Freqüência Relativa da sexta classe;

h) A Freqüência Absoluta Acumulada Crescente da quinta classe;

i) O número de lotes cuja área não atinge 700 metros quadrados;

j) O número de lotes cuja área atinge e ultrapassa 800 metros quadrados;

k) A percentagem dos lotes cuja área não atinge 600 metros quadrados;

l) A percentagem dos lotes cuja área seja maior ou igual a 900 metros quadrados;

m) A percentagem dos lotes cuja área é de 500 metros quadrados, no mínimo, mas inferior a 1000 metros quadrados.

3. COMPLETE OS DADOS QUE FALTAM NA DISTRIBUIÇÃO DE FREQÜÊN-CIAS ABAIXO:

| Classes | PMi | fi | fac | fad | Fi |
|---|---|---|---|---|---|
| 0l—2 | 1 | 4 | 30 | | 0,04 |
| 2l—4 | 5 | 8 | 72 | | 0,18 |
| 4l—6 | 7 | 27 | 83 | | 0,27 |
| l— | 13 | 15 | 93 | | 0,10 |
| 8l—10 | | 10 | | | 0,07 |
| 10l—12 | | | | | |
| l— | | | | | |
| 14l—16 | | | | | |
| | | $\sum fi$ ou N = | | | |

4. DADAS AS NOTAS DE 50 ALUNOS, DETERMINE OS PEDIDOS:

**NOTAS:**

60  85  33  52  65  77  84  65  74  57

71  35  81  50  35  64  74  47  54  68

80  61  41  91  55  73  59  53  77  45

41  55  78  48  69  85  67  39  60  76

94  98  66  66  73  42  65  94  88  89

Pede-se:

a) Determinar a Amplitude Amostral;

b) Número de Classes;

c) Amplitude das Classes;

d) As Classes;

e) Freqüências Absolutas das Classes;

f) Freqüências Relativas;

g) Pontos Médios das Classes;

h) Freqüências Simples Acumuladas Crescentes;

i) Freqüências Simples Acumuladas Decrescentes.

5.A DISTRIBUIÇÃO DE FREQÜÊNCIAS ABAIXO REPRESENTA SALÁRIOS PA-GOS A 100 OPERÁRIOS DE UMA EMPRESA.

| N° de salários mínimos | N° de operários |
|:---:|:---:|
| 0I—2 | 40 |
| 2I—4 | 30 |
| 4I—6 | 10 |
| 6I—8 | 15 |
| 8I—10 | 5 |
| | N = 100 |

Pede-se:

a) O número de operários que ganham até dois salários mínimos;

b) O número de operários que ganham até seis salários mínimos;

c) A porcentagem de operários entre 6 e 8 salários mínimos;

d) A porcentagem de operários com salário igual ou superior a 4 salários mínimos.

6. FREQÜÊNCIA ABSOLUTA SIMPLES É:

**a) O número de repetições de uma variável;**

b) A soma das freqüências simples;

c) O número de valores que se repetem dividido pelo total de valores;

d) N.R.A.

## 7. FREQÜÊNCIA TOTAL É:

a) O número de repetições de uma variável;

b) A soma das Freqüências Simples Absolutas;

c) A soma das Freqüências Relativas, menos as Freqüências Absolutas;

**d) N.R.A.**

## 8. AMPLITUDE TOTAL É:

a) A diferença entre dois valores quaisquer de um conjunto de valores;

b) A diferença entre o maior e o menor valor observado da variável, dividido por dois;

c) A diferença entre o maior e o menor valor observado da variável;

**d) N.R.A.**

## 9. PARA OBTER O PONTO MÉDIO DE UMA CLASSE:

a) Soma-se ao seu Limite Superior metade de sua amplitude;

**b) Soma-se ao seu Limite Inferior metade de sua amplitude;**

c) Soma-se ao seu Limite Inferior metade de sua amplitude, e divide-se o resultado por 2.

## 10. COMPLETE A DISTRIBUIÇÃO ABAIXO:

| Classes | fi | fac | PMi |
|---------|----|----|----|
| 0⊢2 | 3 | 3 | 1 |
| 2⊢4 | | 8 | 5 |
| 4⊢6 | 8 | 16 | |
| 6⊢8 | 10 | 26 | |
| 8⊢10 | | 28 | |

11. OUVINDO-SE 300 PESSOAS SOBRE O TEMA "REFORMA DA PREVIDÊN-CIA, CONTRA OU A FAVOR?", FORAM OBTIDAS 123 RESPOSTAS A FAVOR, 72 CONTRA, 51 PESSOAS NÃO QUISERAM OPINAR, E O RESTANTE NÃO TINHA OPINIÃO FORMADA SOBRE O ASSUNTO.

*Distribuindo-se esses dados numa tabela obtém-se:*

| Opinião | Freqüência | Freqüência relativa |
|---------|------------|---------------------|
| Favorável | 123 | X |
| Contra | 72 | Y |
| Omissos | 51 | 0,17 |
| Sem opinião | 54 | 0,18 |
| Total | 300 | 1,00 |

Na coluna Freqüência Relativa, os valores de X e Y são, respectivamente:

**a) 0,41 e 0,24**

b) 0,38 e 0,27

c) 0,37 e 0,28

d) 0,35 e 0,30

e) 0,30 e 0,35

Responda as questões 12 e 13 com base na seguinte situação: a distribuição a seguir indica o número de acidentes ocorridos com 40 motoristas de uma empresa de ônibus:

| Nº de acidentes | 0 | 1 | 2 | 3 | 4 | 5 | 6 |
|-----------------|---|---|----|---|---|---|---|
| Nº de motoristas | 13 | 7 | 10 | 4 | 3 | 2 | 1 |

12. O NÚMERO DE MOTORISTAS QUE SOFRERAM PELO MENOS 4 ACI-
DENTES É:

a) 3

**b) 6**

c) 10

d) 27

e) 30

13. A PORCENTAGEM DE MOTORISTAS QUE SOFRERAM NO MÁXIMO 2
ACIDENTES É:

a) 25%

b) 32,5%

c) 42,5%

d) 57,5%

**e) 75%**

14. SE DIVIDIRMOS CADA FREQÜÊNCIA ABSOLUTA PELO TOTAL DE FRE-
QÜÊNCIAS ABSOLUTAS, VAMOS OBTER:

a) Freqüência Relativa Percentual;

b) Freqüência Acumulada;

**c) Freqüência Relativa;**

d) Freqüência Acumulada Relativa.

15.COMPLETE A DISTRIBUIÇÃO DE FREQÜÊNCIAS ABAIXO E REPRESENTE SEU HISTOGRAMA E O POLÍGONO DE FREQÜÊNCIAS:

| Classes | fi | fac | fad | Fi | PMi |
|---------|-----|-----|-----|-----|-----|
| 30⌐—40 | 4 | | | | |
| 40⌐—50 | 6 | | | | |
| 50⌐—60 | 8 | | | | |
| 60⌐—70 | 13 | | | | |
| 70⌐—80 | 9 | | | | |
| 80⌐—90 | 7 | | | | |
| 90⌐—100 | 3 | | | | |
| Total | | | | | |

16. DADA A DISTRIBUIÇÃO ABAIXO, RESULTANTE DOS PESOS DOS ALUNOS DE UMA CLASSE, RESPONDA:

| Classes | 42⌐— | 44⌐— | 46⌐— | 48⌐— | 50⌐— 52 |
|---------|------|------|------|------|---------|
| fi | 22 | 24 | 56 | 59 | 25 |

1. O intervalo é:

    a) Aberto à esquerda;

    b) Fechado;

    c) Aberto;

    **d) Fechado à esquerda.**

2. Os pontos médios são:

    a) 42, 44, 46, 48, 50

    b) 86, 90, 94, 98, 102

    c) 44, 46, 48, 50, 52

    **d) 43, 45, 47, 49, 51**

3. A Amplitude Total do fenômeno é:

   a) 42

   **b) 10**

   c) 52

   d) 2

4. A Amplitude dos Intervalos de classe é:

   a) 10

   **b) 2**

   c) 52

   d) 94

   e) 50

17. SE, EM UMA DISTRIBUIÇÃO DE FREQÜÊNCIAS, SABEMOS QUE A FREQÜÊNCIA ACUMULADA CRESCENTE DA CLASSE (45 ⊢ 65) É 28, ENTÃO PODEMOS GARANTIR QUE:

   a) 28 elementos são iguais ao Ponto Médio da Classe.

   b) 28 elementos são superiores ao Limite Superior da Classe.

   c) 28 elementos são inferiores ao Limite Superior da Classe.

   **d) Só podemos garantir conhecendo integralmente a distribuição.**

18. SE OS PONTOS MÉDIOS DE UMA DISTRIBUIÇÃO DE FREQÜÊNCIAS DOS PESOS DOS ESTUDANTES DE UMA CLASSE SÃO 64, 70, 76, 82, 88 E 94, DETERMINE A AMPLITUDE E OS LIMITES DA QUARTA CLASSE:

   a) 5: (79⊦—85)

   b) 6: (79⊦—82)

   c) 5: (79⊦—82)

   **d) 6: (79⊦—85)**

19. RESPONDA, COM BASE NA DISTRIBUIÇÃO ABAIXO, O QUE SE PEDE:

| Classes | 0⊢ | 10⊢ | 20⊢ | 30⊢ | 40⊢ | 50⊢ | 60⊢ | 70⊢ | 80⊢ | 90⊢ 100 |
|---------|-----|-----|-----|-----|-----|-----|-----|-----|-----|---------|
| fi | 5 | 8 | 20 | 27 | 45 | 80 | 35 | 18 | 12 | 4 |

1. A nota 40 está incluída em Classe de Valores cuja Freqüência Simples é: **(45)**

2. A amplitude das Classes é: **(10)**

3. O Ponto Médio da classe imediatamente superior a de Freqüência Máxima é:

    **a) 65**

    b) 55

    c) 45

    d) 60

4. A Freqüência Absoluta Acumulada da segunda e da última classe são, respectivamente:

    a) 13 e 125

    **b) 13 e 254**

    c) 13 e 54

    d) 254 e 13

5. O LIMITE INFERIOR DA CLASSE DE FREQÜÊNCIA, IMEDIATAMENTE ANTERIOR À FREQÜÊNCIA MÁXIMA, É:

    a) 30

    **b) 40**

    c) 60

    d) 45

6. O número de alunas com notas de 0 a 40, exclusive, é:

a) 100

b) 105

**c) 60**

d) 45

7. O Intervalo Total da Distribuição é:

a) 105

b) 254

**c) 100**

d) 80

20. BASEADO NA DISTRIBUIÇÃO ABAIXO, RESPONDA:

| Classes | fi |
|---|---|
| 0I—2 | 2 |
| 2I—4 | 5 |
| 4I—6 | 8 |
| 6I—8 | 4 |
| 8I—10 | 6 |

a) Qual a Freqüência da 2ª classe?

b) Qual a Freqüência Relativa da 4ª classe?

c) Qual a Freqüência Acumulada da 5ª classe?

d) Qual a Amplitude de Classe?

e) Qual o Ponto Médio da 4ª classe?

f) Qual o Limite Inferior da 3ª classe?

g) Qual a Amplitude Total?

21. SEJA A DISTRIBUIÇÃO DE FREQÜÊNCIAS ABAIXO, RESULTADO DA OB-
SERVAÇÃO DE PESOS, EM KG, DE UM GRUPO DE 50 PESSOAS ADULTAS.
RESPONDA:

| Pesos (kg) | PMi | fi | fac | fad | Fi | Fac | Fad |
|---|---|---|---|---|---|---|---|
| 46l—56 | | 5 | | | | | |
| 56l—66 | | 10 | | | | | |
| 66l—76 | | 20 | | | | | |
| 76l—86 | | 10 | | | | | |
| 86l—96 | | 5 | | | | | |
| Total | | | | | | | |

a) Qual a Amplitude Total do fenômeno estudado?

b) Qual a Amplitude das Classes da Distribuição?

c) Qual o Ponto Médio da terceira classe?

d) Quantas pessoas possuem peso entre 56 kg, inclusive, e 86 kg, exclusive?

e) Quantas pessoas pesam, pelo menos, 66 kg?

f) Quantas pessoas pesam menos de 76 kg?

g) Qual a porcentagem de pessoas que pesam menos de 76 kg?

h) Qual a porcentagem de pessoas que pesam, pelo menos, 66 kg?

i) Qual a porcentagem de pessoas com peso entre 56 kg, inclusive, e 86 kg, exclusive?

# Gabarito dos exercícios de recapitulação II

**1.**

| Classes | PMi | fi | fac | fad | Fi |
|---------|-----|-----|-----|-----|------|
| 0⊢8 | 4 | 4 | 4 | 40 | 0,10 |
| 8⊢16 | 12 | 10 | 14 | 36 | 0,25 |
| 16⊢24 | 20 | 14 | 28 | 26 | 0,35 |
| 24⊢32 | 28 | 9 | 37 | 12 | 0,225 |
| 32⊢40 | 36 | 3 | 40 | 3 | 0,075 |
| | | $\sum fi$ ou N = 40 | | | |

**2.**

a) A Amplitude Total: **900.**

b) O Limite Superior da 5ª classe: **800.**

c) O Limite Inferior da 8ª classe: **1.000.**

d) O Ponto Médio da sétima classe: **950.**

e) A Amplitude do Intervalo da segunda classe: **100.**

f) A Freqüência Absoluta da quarta classe: **76.**

g) A Freqüência Relativa da sexta classe: **0,155.**

h) A Freqüência Absoluta Acumulada Crescente da quinta classe: **262.**

i) O número de lotes cuja área não atinge 700 metros quadrados: **194.**

j) O número de lotes cuja área atinge e ultrapassa 800 metros quadrados: **138.**

k) A percentagem dos lotes cuja área não atinge 600 metros quadrados: **0,295.**

l) A percentagem dos lotes cuja área seja maior ou igual a 900 metros quadrados: **0,19.**

m) A percentagem dos lotes cuja área é de 500 metros quadrados, no mínimo, mas inferior a 1.000 metros quadrados: **0,78.**

3.

| Classes | PMi | fi | fac | fad | Fi |
|---------|-----|-----|-----|-----|------|
| 0⌐2 | 1 | 4 | 4 | 100 | 0,04 |
| 2⌐4 | 3 | 8 | 12 | 96 | 0,08 |
| 4⌐6 | 5 | 18 | 30 | 88 | 0,18 |
| 6⌐8 | 7 | 27 | 57 | 70 | 0,27 |
| 8⌐10 | 9 | 15 | 72 | 43 | 0,15 |
| 10⌐12 | 11 | 11 | 83 | 28 | 0,11 |
| 12⌐14 | 13 | 10 | 93 | 17 | 0,10 |
| 14⌐16 | 15 | 7 | 100 | 7 | 0,07 |
| | | $\sum fi$ ou N = 100 | | | |

4.

| Classes | PMi | fi | fac | fad | Fi.PMi |
|---------|-----|-----|-----|-----|--------|
| 33⌐43 | 38 | 7 | 7 | 50 | 266 |
| 43⌐53 | 48 | 5 | 12 | 43 | 240 |
| 53⌐63 | 58 | 9 | 21 | 38 | 522 |
| 63⌐73 | 68 | 10 | 31 | 29 | 680 |
| 73⌐83 | 78 | 9 | 40 | 19 | 702 |
| 83⌐93 | 88 | 7 | 47 | 10 | 616 |
| 93⌐103 | 98 | 3 | 50 | 3 | 294 |
| | | $\sum fi$ ou N = 50 | | | 3.320 |

5.

a) 40; b) 80; c) 15%; d) 30%.

6, 7, 8 e 9 respondidas em negrito na própria questão.

**10.**

| Classes | fi | fac | PMi |
|---------|-----|-----|-----|
| 0⊢2 | 3 | 3 | 1 |
| 2⊢4 | 5 | 8 | 3 |
| 4⊢6 | 8 | 16 | 5 |
| 6⊢8 | 10 | 26 | 7 |
| 8⊢10 | 2 | 28 | 9 |

**11, 12, 13 e 14 respondidas em negrito na própria questão.**

**15.**

| Classes | fi | fac | fad | Fi | PMi |
|---------|-----|-----|-----|-----|-----|
| 30⊢40 | 4 | 4 | 50 | 8% | 35 |
| 40⊢50 | 6 | 10 | 46 | 12% | 45 |
| 50⊢60 | 8 | 18 | 40 | 16% | 55 |
| 60⊢70 | 13 | 31 | 32 | 26% | 65 |
| 70⊢80 | 9 | 40 | 19 | 18% | 75 |
| 80⊢90 | 7 | 47 | 10 | 14% | 85 |
| 90⊢100 | 3 | 50 | 3 | 6% | 95 |
| Total | | | | | |

Se tiver dúvidas de como fazer, consultar o gráfico da página 52 que representa o histograma e o polígono de freqüências lá exemplificados; ou entre em contato: norton_sng@hotmail.com

**16, 17, 18 e 19 respondidas em negrito na própria questão.**

**20.** a) 5;  b) 16;  c) 25;  d) 2;  e) 7;  f) 4;  g) 10.

**21.**

| Pesos (kg) | PMi | fi | fac | fad | Fi | Fac | Fad |
|---|---|---|---|---|---|---|---|
| 46l—56 | 51 | 5 | 5 | 50 | 10% | 10% | 100% |
| 56l—66 | 61 | 10 | 15 | 45 | 20% | 30% | 90% |
| 66l—76 | 71 | 20 | 35 | 35 | 40% | 70% | 70% |
| 76l—86 | 81 | 10 | 45 | 15 | 20% | 90% | 30% |
| 86l—96 | 91 | 5 | 50 | 5 | 10% | 100% | 10% |
| Total | | 50 | | | | | |

a) 50;   b) 10;   c) 71;   d) 40;   e) 35;   f) 35;   g) 70%;   h) 70%;   i) 80%

**Gráficos Estatísticos** - São representações visuais dos dados estatísticos que devem corresponder, mas nunca substituir as tabelas estatísticas.

**Características** – Uso de escalas, sistema de coordenadas, simplicidade, clareza e veracidade.

**Gráficos de Informação** – São gráficos destinados principalmente ao público em geral, objetivando proporcionar uma visualização rápida e clara. São gráficos tipicamente expositivos, dispensando comentários explicativos adicionais. As legendas podem ser omitidas, desde que as informações desejadas estejam presentes.

**Gráficos de Análise** – São gráficos que prestam-se melhor ao trabalho Estatístico, fornecendo elementos úteis à fase de análise dos dados, sem deixar de ser também informativos. Os gráficos de análise freqüentemente vêm acompanhados de uma Tabela Estatística. Inclui-se, muitas vezes um texto explicativo, chamando a atenção do leitor para os pontos principais revelados pelo Gráfico.

**Uso indevido dos gráficos** – Podem trazer uma idéia falsa dos dados que estão sendo analisados, chegando mesmo a confundir o leitor. Trata-se, na realidade, de um problema de construção de escalas.

**Classificação dos Gráficos** – Diagramas, Estereogramas, Pictogramas e Cartogramas.

**1. Diagramas** – São gráficos dispostos em duas dimensões. São os mais usados na representação de séries estatísticas. Eles podem ser:

a) **Gráficos em Barras Horizontais**

b) **Gráficos em Barras Verticais**

- Quando as legendas não são breves, usam-se, de preferência, os Gráficos em Barras Horizontais. Nesses gráficos os retângulos têm a mesma base e as alturas são proporcionais aos respectivos dados.

- A ordem a ser observada é a **Cronológica**, se a série for **Histórica**, e a **Decrescente**, se for **Geográfica** ou **Categórica**.

c) **Gráficos em Barras Compostas**

d) **Gráficos em Colunas Superpostas**

- Eles diferem dos Gráficos em Barras ou Colunas convencionais apenas pelo fato de apresentar cada barra ou coluna segmentada em partes componentes. Servem para representar comparativamente dois ou mais atributos.

e) **Gráficos em Linhas ou Lineares**

- São freqüentemente usados para representação de Séries Cronológicas com um grande número de períodos de tempo. As linhas são mais eficientes do que as colunas, quando existem intensas flutuações nas séries ou quando há necessidade de se representarem várias séries em um mesmo gráfico.

- Quando representamos, em um mesmo sistema de coordenadas, a variação de dois fenômenos, a parte interna da figura formada pelos gráficos desses fenômenos é denominada de *área de excesso*.

f) **Gráficos em Setores**

- Este gráfico é construído com base em um círculo, e é empregado sempre que desejamos ressaltar a participação do dado no total. O total é representado pelo círculo, que fica dividido em tantos setores quantas são as partes. Os setores são tais que suas áreas são respectivamente proporcionais aos dados da série. O Gráfico em Setores só deve ser empregado quando há, no máximo, sete dados.

**Obs.:** as Séries Temporais geralmente não são representadas por este tipo de gráfico.

**2. Estereogramas** – São gráficos dispostos em três dimensões, pois representam volume. São usados nas representações gráficas das tabelas de dupla entrada. Em alguns casos este tipo de gráfico fica difícil de ser interpretado dada a pequena precisão que oferecem.

**3. Pictogramas** – São construídos a partir de figuras representativas da intensidade do fenômeno. Este tipo de gráfico tem a vantagem de despertar a atenção do público leigo, pois sua forma é atraente e sugestiva. Os símbolos devem ser auto-explicativos. A desvantagem dos Pictogramas é que apenas mostram uma visão geral do fenômeno, e não de detalhes minuciosos.

**4. Cartogramas** – São ilustrações relativas a cartas geográficas (mapas). O objetivo desse gráfico é o de figurar os dados estatísticos diretamente relacionados com áreas geográficas ou políticas.

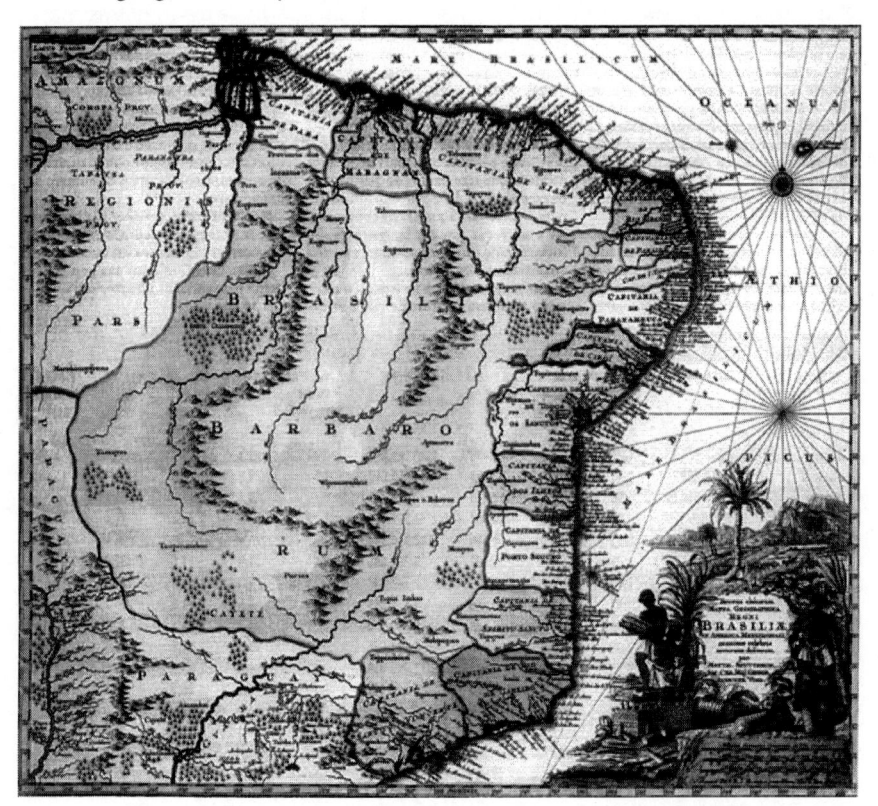

Mapa das Capitanias do cartógrafo George Matthäus Seutter, de 1740 (Fonte: Almanaque Abril 2007).

# Representação Gráfica de uma Distribuição

## Histograma, Polígono de Freqüência e Polígono de Freqüência Acumulada

Em todos os gráficos acima utilizamos o primeiro quadrante do sistema de eixos coordenados cartesianos ortogonais. Na linha horizontal (eixo das abscissas) colocamos os valores da variável e na linha vertical (eixo das ordenadas), as freqüências.

**Histograma** – É formado por um conjunto de retângulos justapostos, cujas bases se localizam sobre o eixo horizontal, de tal modo que seus pontos médios coincidam com os pontos médios dos intervalos de classe. A área de um Histograma é proporcional à soma das Freqüências Simples ou Absolutas.

**Polígono de Freqüência** – É um gráfico em linha, sendo as freqüências marcadas sobre perpendiculares ao eixo horizontal, levantadas pelos Pontos Médios dos Intervalos de Classe. Para realmente obtermos um polígono (linha fechada), devemos completar a figura, ligando os extremos da linha obtida aos pontos médios da classe anterior à primeira e da posterior à última, da distribuição.

**Polígono de Freqüência Acumulada** – É traçado marcando-se as Freqüências Acumuladas sobre perpendiculares ao eixo horizontal, levantadas nos pontos correspondentes aos limites superiores dos intervalos de classe.

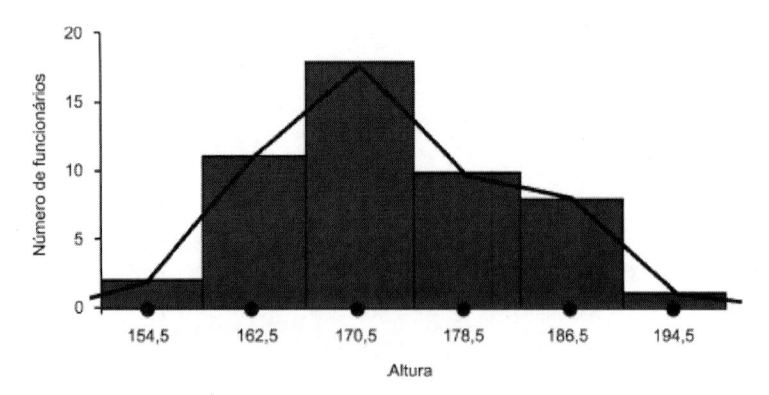

**Obs.:** uma distribuição de freqüência sem intervalos de classe é representada graficamente por um diagrama onde cada valor da variável é representado por um segmento de reta vertical e de comprimento proporcional à respectiva freqüência.

### Gráfico de Dispersão XY

Um gráfico xy (dispersão) mostra a relação existente entre os valores numéricos em várias séries de dados ou plota dois grupos de números como uma série de coordenadas xy. Esse gráfico mostra intervalos irregulares ou *clusters* de dados e é usado geralmente para dados científicos.

Quando ordenar seus dados, coloque valores x em uma linha ou coluna e insira valores y correspondentes nas linhas ou colunas adjacentes.

| Hora | Temp | Temp. prevista |
|------|------|----------------|
| 13:01 | 23,0 | 22,1 |
| 13:25 | 22,5 | 22,2 |
| 13:45 | 21,0 | 22,3 |

Valores X          Valores Y

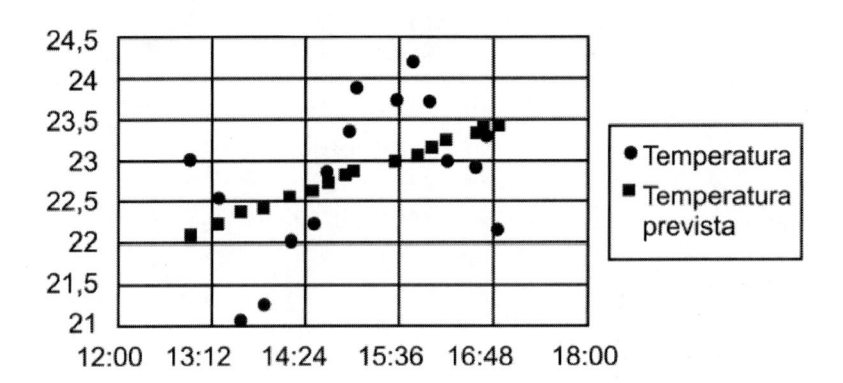

### Gráfico de Bolhas

Um gráfico de bolhas é um tipo de gráfico xy (dispersão). O tamanho do marcador de dados indica o valor de uma terceira variável.

Para organizar seus dados, coloque os valores de x em uma linha ou coluna e insira os valores de y e os tamanhos das bolhas correspondentes nas linhas ou colunas adjacentes.

| Nº de produtos | Vendas | Partic. no mercado % |
|---|---|---|
| 14 | R$ 11.200,00 | 13 |
| 20 | R$ 60.000,00 | 23 |
| 18 | R$ 14.400,00 | 5 |

| Valores X | Valores Y | Tamanho da bolha |

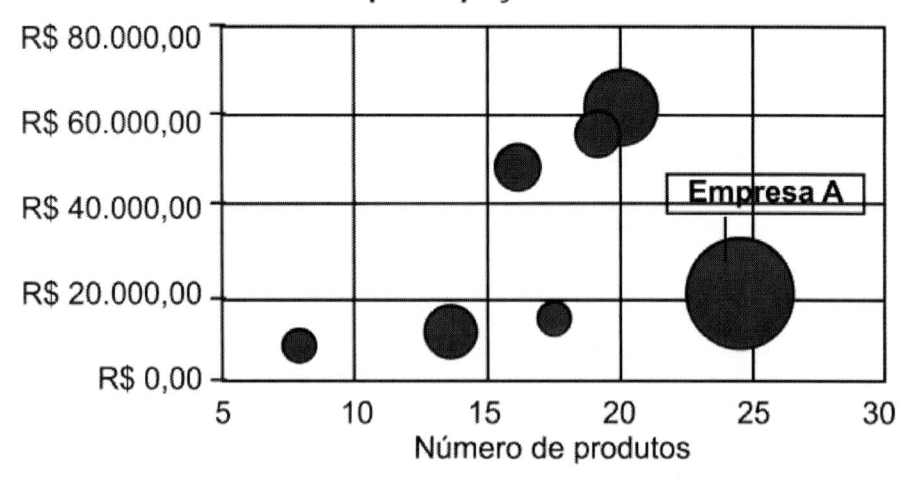

### Estudo da participação na indústria

O gráfico nesse exemplo mostra que a Empresa A tem a maioria dos produtos e a maior fatia do mercado, mas não necessariamente as melhores vendas.

## Gráfico de Radar

Um gráfico de radar compara os valores agregados de várias séries de dados.

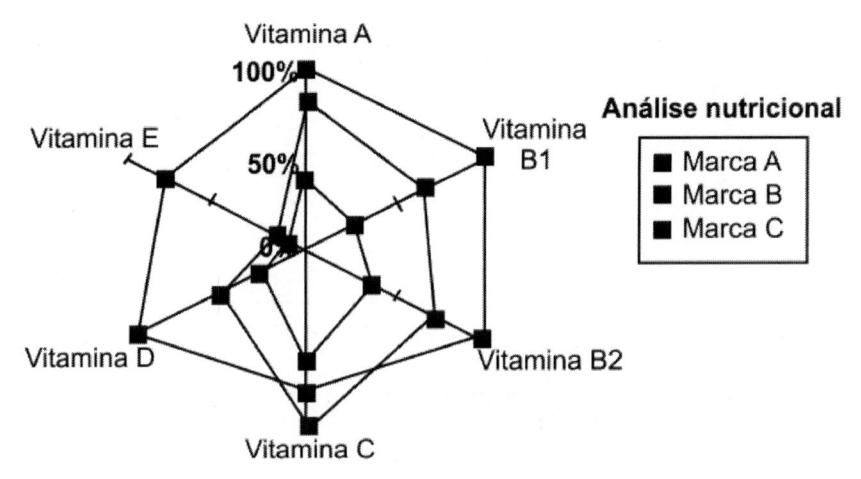

Nesse gráfico, a série de dados que cobre a maior parte da área, Marca A, representa a marca com o maior conteúdo de vitamina.

## Gráfico de Superfície

Um gráfico de superfície é útil quando você deseja localizar combinações vantajosas entre dois conjuntos de dados. Como em um mapa topográfico, as cores e os padrões indicam áreas que estão no mesmo intervalo de valores.

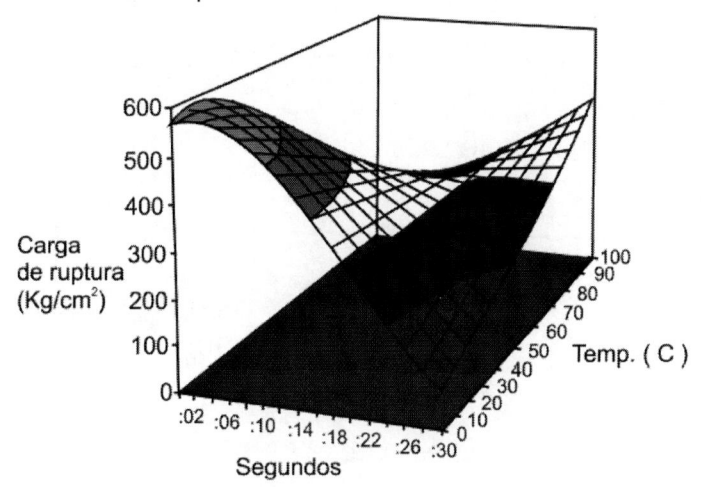

Esse gráfico mostra as várias combinações de temperatura e tempo que resultam na mesma medida de resistência à tração.

### Cone, cilindro e pirâmide

Os marcadores de dados em forma de cone, cilindro e pirâmide podem dar um efeito especial aos gráficos de colunas e de barras 3D.

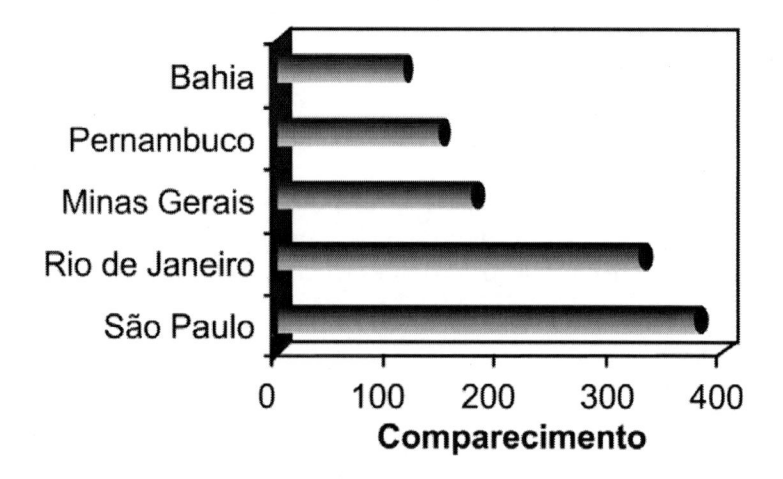

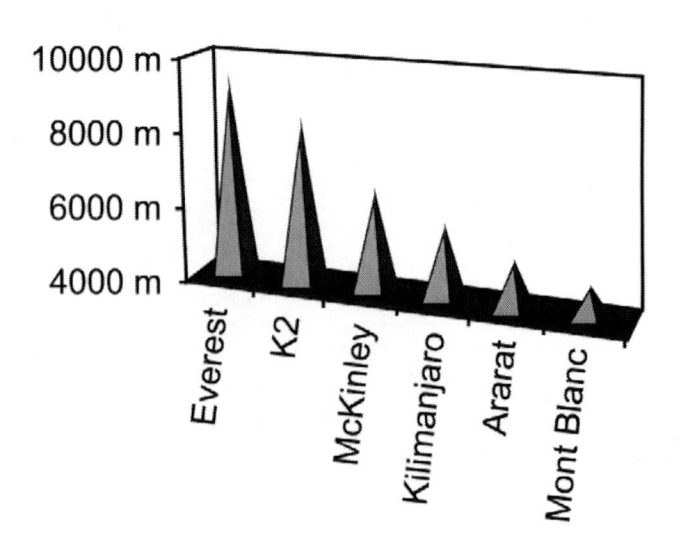

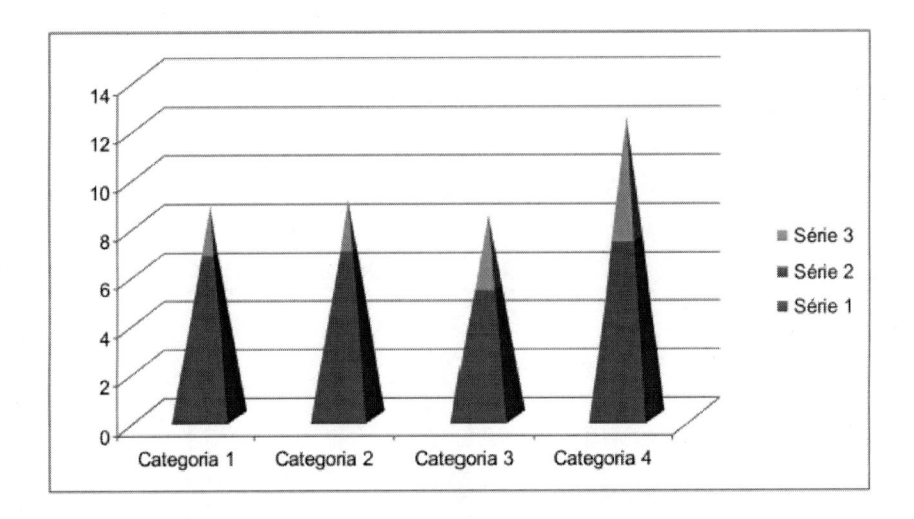

## Gráfico de Área

Um gráfico de área enfatiza a dimensão das mudanças ao longo do tempo. Exibindo a soma dos valores plotados, o gráfico de área mostra também o relacionamento das partes com um todo.

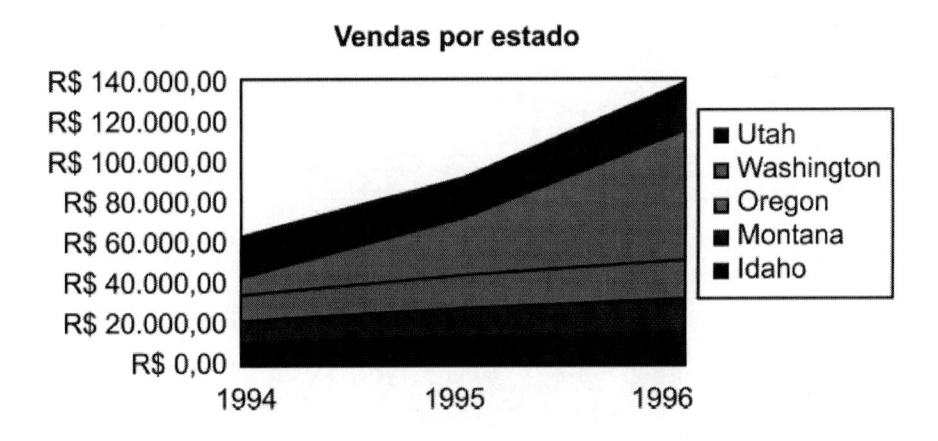

Nesse exemplo, o gráfico de área enfatiza o aumento das vendas em Washington e ilustra a contribuição de cada estado para o total das vendas.

### Gráfico de Coluna

Um gráfico de colunas mostra as alterações de dados em um período de tempo ou ilustra comparações entre itens. As categorias são organizadas na horizontal e os valores são distribuídos na vertical, para enfatizar as variações ao longo do tempo.

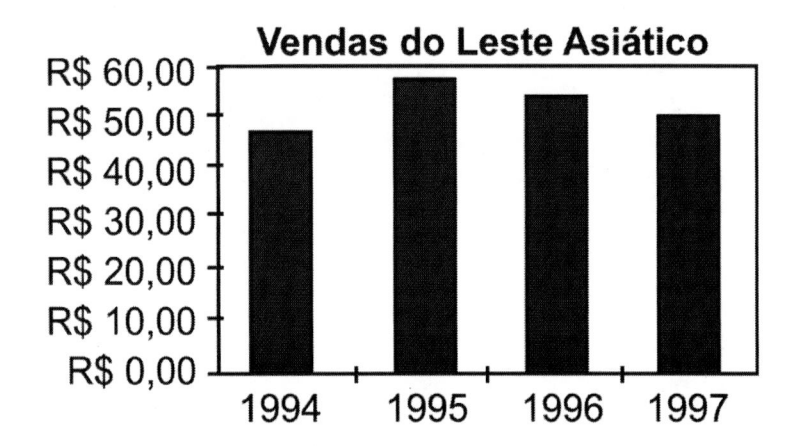

Gráficos de colunas empilhadas mostram o relacionamento de itens individuais com o todo. O gráfico de colunas em perspectiva 3D compara pontos de dados ao longo dos dois eixos.

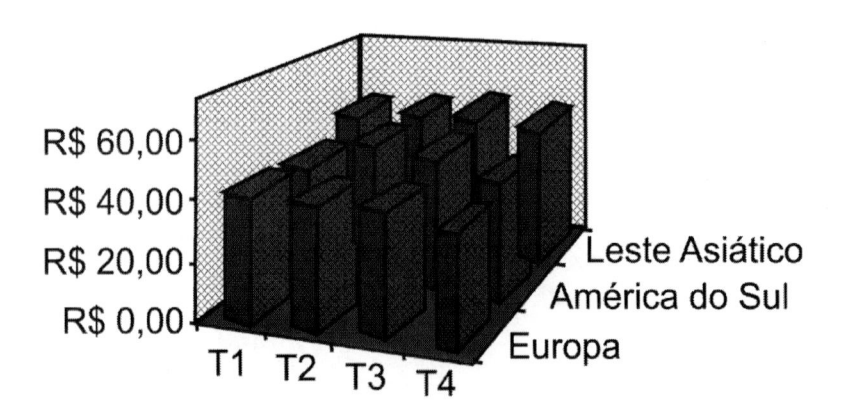

Nesse gráfico 3D, você pode comparar o desempenho das vendas de quatro trimestres na Europa com o desempenho de outras duas divisões.

## Gráfico de Barras

Um gráfico de barras ilustra comparações entre itens individuais. As categorias são organizadas na vertical e os valores na horizontal para enfocar valores de comparação e dar menos ênfase ao tempo.

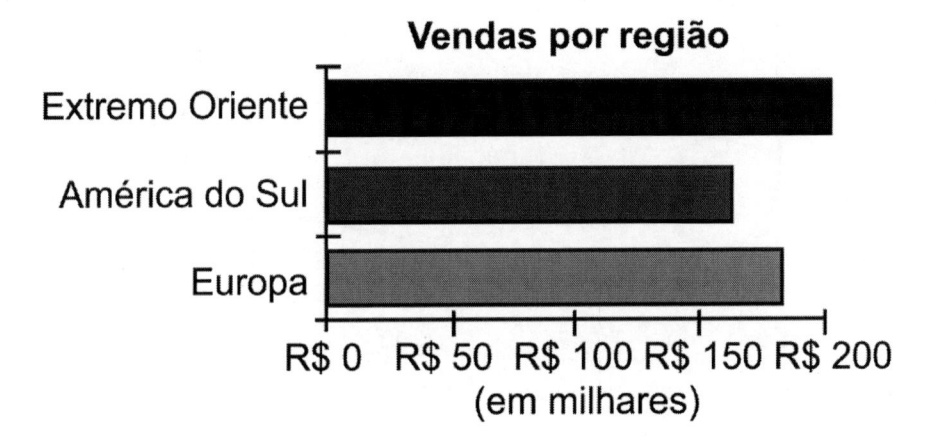

Gráficos de barras empilhadas mostram o relacionamento de itens individuais com o todo.

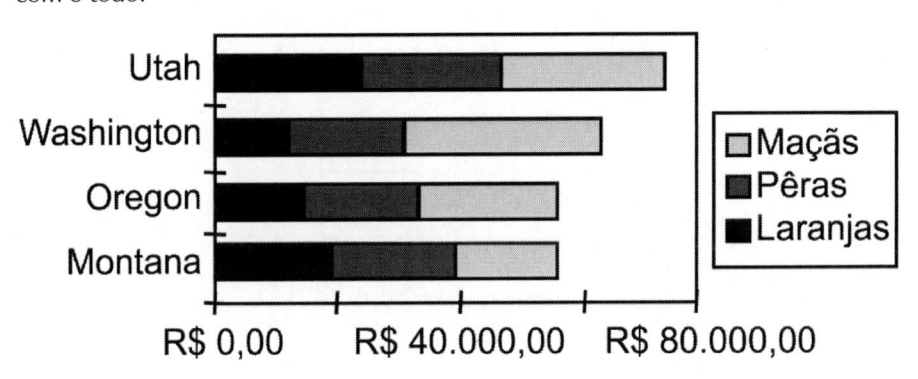

### Gráfico de Linha

Um gráfico de linhas mostra tendências nos dados em intervalos iguais.

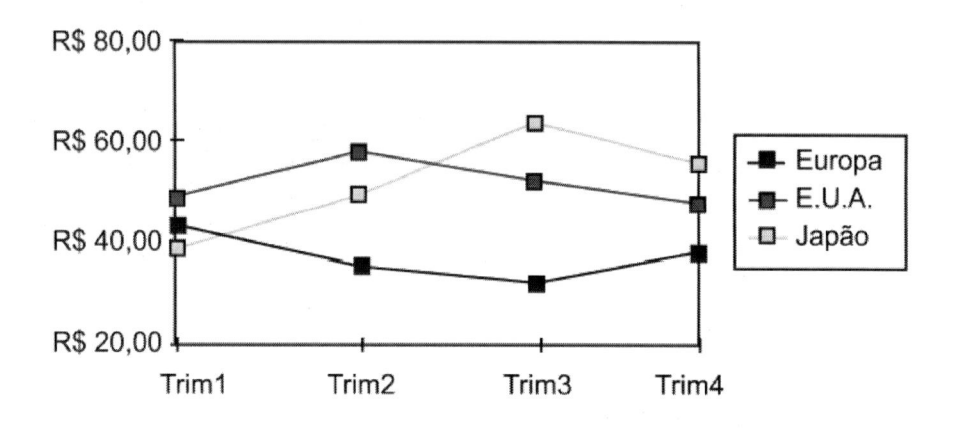

### Gráfico de *Pizza*

Um gráfico de *pizza* mostra o tamanho proporcional de itens que constituem uma série de dados para a soma dos itens. Ele sempre mostra somente uma única série de dados, sendo útil quando você deseja dar ênfase a um elemento importante.

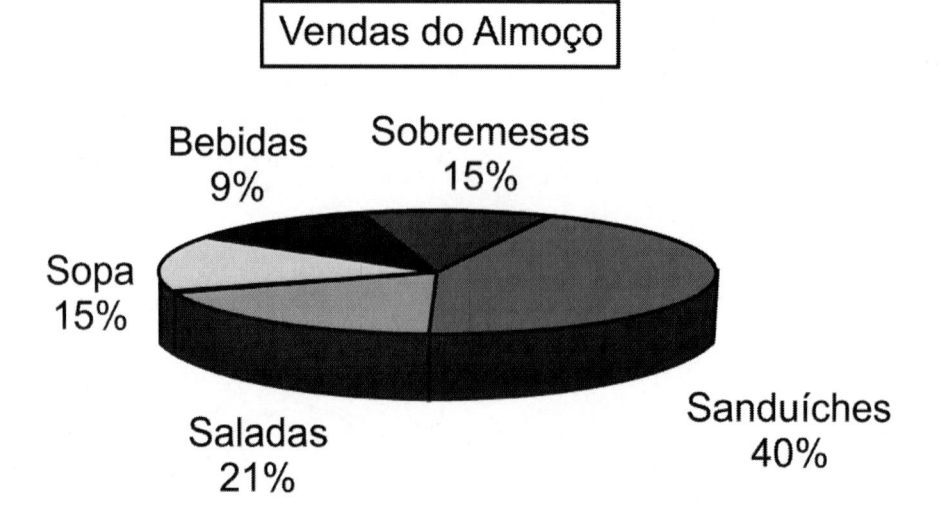

Para facilitar a visualização de fatias pequenas, você pode agrupá-las em um único item do gráfico de pizza e subdividir esse item em um gráfico de pizza ou de barras menor, ao lado do gráfico principal.

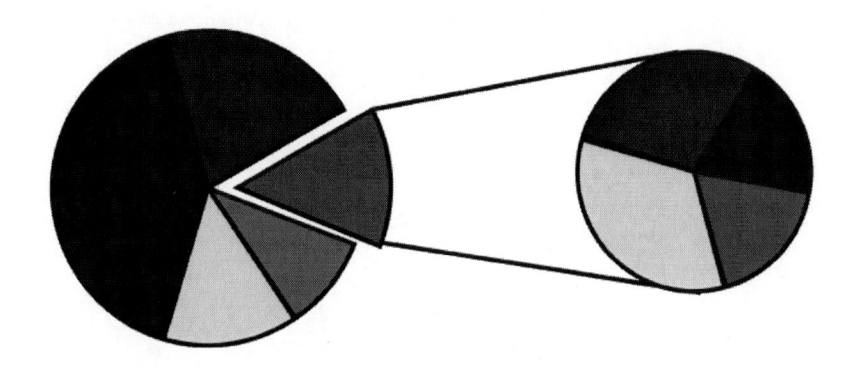

### Gráfico de Rosca

Como um gráfico de pizza, o gráfico de rosca mostra o relacionamento das partes com o todo, mas pode conter mais de uma série de dados. Cada anel do gráfico de rosca representa uma série de dados.

## Gráfico de Ações

O gráfico de alta-baixa-fechamento é usado muitas vezes para ilustrar preços de ações. Esse gráfico também pode ser usado com dados científicos para, por exemplo, indicar mudanças de temperatura. Você deve organizar seus dados na ordem correta para criar esse e outros gráficos de ações.

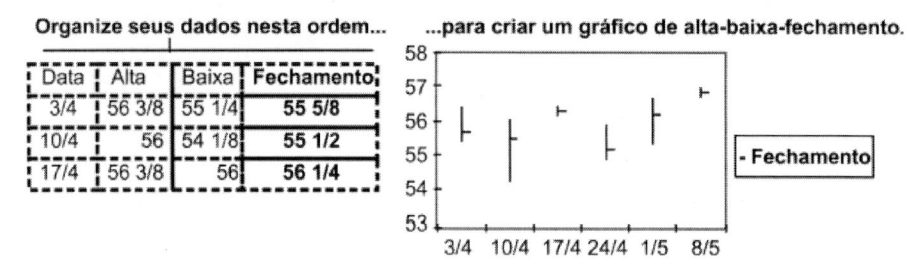

Um gráfico de ações que mede o volume tem dois eixos de valores: um para as colunas, que medem o volume, e outro para os preços das ações. Você pode incluir volume em um gráfico de alta-baixa-fechamento ou de abertura-alta-baixa-fechamento.

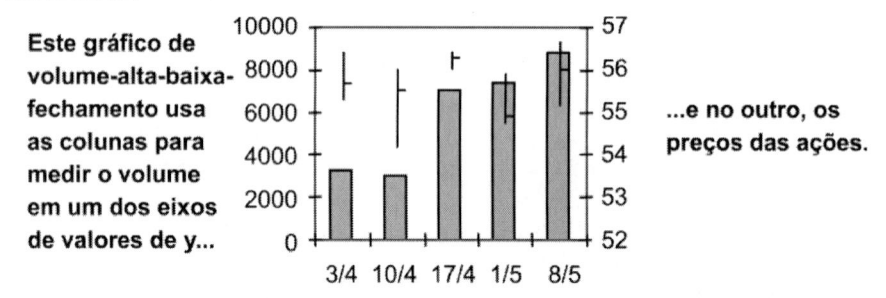

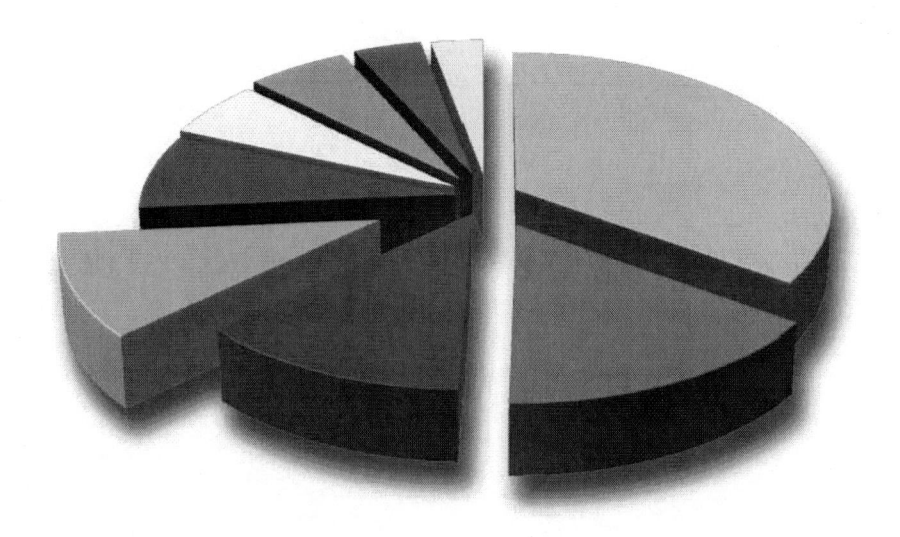

# MEDIDAS DE POSIÇÃO

**INTRODUÇÃO** – São as estatísticas que representam uma série de dados orientando-nos quanto à posição da distribuição em relação ao eixo horizontal do gráfico da curva de freqüência.

• As medidas de posições mais importantes são as **Medidas de Tendência Central** ou **Promédios** (verifica-se uma tendência dos dados observados a se agruparem em torno dos valores centrais).

• As Medidas de Tendência Central mais utilizadas são: **Média Aritmética, Moda** e **Mediana**. Outros Promédios, menos usados, são as Médias: **Geométricas, Harmônica, Quadrática, Cúbica e Biquadrática**.

• As outras medidas de posição são as **Separatrizes**, que englobam: a própria **Mediana**, os **Decis**, os **Quartis** e os **Centis (Percentis)**.

# MÉDIA ARITMÉTICA $\left( \bar{x} \right)$ – É igual ao quociente entre a soma dos valores do conjunto e o número total de valores.

$$\bar{X} = \frac{\sum\limits_{i=1}^{N} Xi}{N},$$

em que **Xi** são os valores da variável e **N** o número de valores.

**Dados não Agrupados** – Quando desejamos conhecer a Média dos Dados não Agrupados em tabelas de freqüências, determinamos a **Média Aritmética Simples**.

**Ex.:** sabendo-se que a venda diária de arroz tipo A, durante uma semana, foi de 10, 14, 13, 15, 16, 18 e 12 quilos, temos, para a venda média diária na semana de:

$$\bar{X} = (10+12+13+14+15+16+18)/7 \ = \ 14 \ quilos$$

**Obs.:** sempre faça o rol dos dados brutos para depois trabalhar com os mesmos nos cálculos.

**Desvio em Relação à Média** – É a diferença entre cada elemento de um conjunto de valores e a Média Aritmética, ou seja:

**di = xi - $\overline{X}$**

No exemplo anterior, temos sete desvios:

$d_1$= 10-14= -4, $d_2$= 14-14 = 0, $d_3$= 13-14 = -1, $d_4$= 15-14 = 1, $d_5$= 16-14 = 2, $d_6$= 18-14 = 4, $d_7$= 12-14 = -2.

## PROPRIEDADES DA MÉDIA ARITMÉTICA

### 1ª PROPRIEDADE: A SOMA ALGÉBRICA DOS DESVIOS EM RELAÇÃO À MÉDIA É NULA.

• No exemplo anterior: $d_1 + d_2 + d_3 + d_4 + d_5 + d_6 + d_7 = 0$

### 2ª PROPRIEDADE: SOMANDO-SE (OU SUBTRAINDO-SE) UMA CONSTANTE (K) A TODOS OS VALORES DE UMA VARIÁVEL, A MÉDIA DO CONJUNTO FICA AUMENTADA (OU DIMINUÍDA) DESSA CONSTANTE.

• Se, no exemplo original, somarmos a constante **2** a cada um dos valores da variável, temos:

**Y = (12+14+15+16+17+18+20)/ 7 = 16 quilos**

**Y = $\overline{X}$+ 2 = 14 + 2= 16 quilos**

### 3ª PROPRIEDADE: MULTIPLICANDO-SE (OU DIVIDINDO-SE) TODOS OS VALORES DE UMA VARIÁVEL POR UMA CONSTANTE (K), A MÉDIA DO CONJUNTO FICA MULTIPLICADA (OU DIVIDIDA) POR ESSA CONSTANTE.

• Se, no exemplo original, multiplicarmos a constante **3** por cada um dos valores da variável, temos:

**Y = (30+36+39+42+45+48+54)/ 7 = 42 quilos**

**Y = $\overline{X}$ .3 = 14 .3 = 42 quilos**

## 4ª PROPRIEDADE: A MÉDIA ARITMÉTICA SEMPRE EXISTE E É ÚNICA.

## 5ª PROPRIEDADE: A MÉDIA DAS MÉDIAS ONDE TEREMOS A SEGUINTE RELAÇÃO:

$$\overline{C} = \frac{\overline{X}.N_X + \overline{Y}.N_Y + ... + \overline{M}.N_M}{N_X + N_Y + ... + N_M}, \text{ onde :}$$

$\overline{C} \to$ Média do conjunto maior C – formada pela reunião de todos os elementos dos conjuntos menores;

$\overline{X} \to$ Média do conjunto X com $N_X$ valores;

$\overline{Y} \to$ Média do conjunto Y com $N_Y$ valores;

$\overline{M} \to$ Média do conjunto M com $N_M$ valores;

### Dados Agrupados

**Sem Intervalo de Classe (por pontos)** – Consideremos a distribuição relativa a 34 famílias de quatro filhos, tomando por variável o número de filhos do sexo masculino. Calcularemos a quantidade média de meninos por família.

| Nº de meninos | fi |
|:---:|:---:|
| 0 | 2 |
| 1 | 6 |
| 2 | 10 |
| 3 | 12 |
| 4 | 4 |
| Total | N = 34 |

• Como as freqüências são números indicadores da intensidade de cada valor da variável, elas funcionam como fatores de ponderação, o que nos leva a calcular a **Média Aritmética Ponderada**, dada pela fórmula:

$$\overline{X} = \frac{\sum Xi.fi}{N}$$

| Xi | fi | Xi.fi |
|:---:|:---:|:---:|
| 0 | 2 | 0 |
| 1 | 6 | 6 |
| 2 | 10 | 20 |
| 3 | 12 | 36 |
| 4 | 4 | 16 |
| Total | N = 34 | 78 |

Em que $\bar{X} = \dfrac{\sum Xi.fi}{N} = \dfrac{78}{34} = 2,3$ **meninos por família.**

**Com Intervalos de Classe (por Classes)** – Neste caso, convencionamos que todos os valores incluídos em um determinado Intervalo de Classe coincidem com o seu ponto médio, e determinamos a Média Aritmética Ponderada por meio da fórmula:

$$\bar{X} = \frac{\sum PMi.fi}{N}$$ , em que **Xi** é o ponto médio da classe.

**Ex.:** calcular a estatura média de bebês conforme a tabela abaixo:

| Estaturas (cm) | fi | xi | fi.xi |
|:---:|:---:|:---:|:---:|
| 50l—54 | 4 | 52 | 208 |
| 54l—58 | 9 | 56 | 504 |
| 58l—62 | 11 | 60 | 660 |
| 62l—66 | 8 | 64 | 512 |
| 66l—70 | 5 | 68 | 340 |
| 70l—74 | 3 | 72 | 216 |
| Total | 40 | | 2.440 |

Aplicando a fórmula acima, temos: 2.440/40 = 61, logo **= 61 cm**

# Média Geométrica ($\overline{X}$g)

É a raiz **n**-ésima do produto de todos eles.

## Média geométrica simples:

$$\overline{X}_g = \sqrt[N]{X_1.X_2.X_3...X_N} \quad OU \quad \overline{X}_g = (X_1.X_2.X_3...X_N)^{1/N}$$

**Ex.:** calcular a Média Geométrica dos seguintes conjuntos de números:

a) {10, 60, 360} (**R: 60**)

b) {2, 2, 2} (**R: 2**)

c) {1, 4, 16, 64} (**R: 8**)

## Média Geométrica Ponderada:

$$\overline{X}_{gp} = \left(X_1^{f1}.X_2^{f2}.X_3^{f3}...x_N^{fN}\right)^{\frac{1}{\sum fi}}$$

**Ex.:** calcular a média geométrica dos valores da tabela abaixo:

| xi | fi |
|---|---|
| 1 | 2 |
| 3 | 4 |
| 9 | 2 |
| 27 | 1 |
| **Total** | **9** |

(**R: 3,8296**)

# MÉDIA HARMÔNICA ($\bar{X}$ h)

## É O INVERSO DA MÉDIA ARITMÉTICA DOS INVERSOS.

## MÉDIA HARMÔNICA SIMPLES:

(para Dados não Agrupados)

$$\bar{X}_h = \cfrac{1}{\cfrac{\dfrac{1}{x_1} + \dfrac{1}{x_2} + \dfrac{1}{x_3} + ... + \dfrac{1}{x_N}}{N}} \quad OU \quad \bar{X}_h = \cfrac{N}{\dfrac{1}{x_1} + \dfrac{1}{x_2} + \dfrac{1}{x_3} + ... + \dfrac{1}{x_N}}$$

## MÉDIA HARMÔNICA PONDERADA:

## (PARA DADOS AGRUPADOS EM TABELAS DE FREQÜÊNCIAS)

$$\bar{X}_{hp} = \frac{\sum fi}{\sum \dfrac{fi}{Xi}}$$

**Ex.:** Calcular a Média Harmônica dos valores da tabela abaixo:

| Classes | fi | xi | fi/xi |
|---------|-----|-----|------------|
| 1l—3 | 2 | 2 | 2/2 = 1,00 |
| 3l—5 | 4 | 4 | 4/4 = 1,00 |
| 5l—7 | 8 | 6 | 8/6 = 1,33 |
| 7l—9 | 4 | 8 | 4/8 = 0,50 |
| 9l—11 | 2 | 10 | 2/10 = 0,20 |
| Total | 20 | | 4,03 |

**R: 4,96**

**Obs.:** A média harmônica não aceita valores iguais a zero como dados de uma série.

• A igualdade $\overline{X}_g = \overline{X}_h = \overline{X}$ só ocorrerá quando todos os valores da série forem iguais.

**Obs.:** Quando os valores da variável não forem muito diferentes, verifica-se aproximadamente a seguinte relação:

$$\overline{X}_g = (\overline{X}_h + \overline{X})/2$$

Demonstraremos a relação acima com os seguintes dados:

Z = {10,1; 10,1; 10,2; 10,4; 10,5}

Média aritmética = (51,3)/5 = 10,2600

Média geométrica =        = 10,2587

Média harmônica =       = 10,2574

Comprovando a relação: (10,2600+10,2574)/2 = 10,2587 = média geométrica

## RESUMO DAS FÓRMULAS DA MÉDIA ARITMÉTICA:

Média para o rol: $\overline{X} = \left( \dfrac{\sum Xi}{N} \right)$

Média para dados tabulados: $\overline{X} = \left( \dfrac{\sum Xi.fi}{N} \right)$

Média para distribuição de freqüências: $\overline{X} = \left( \dfrac{\sum PMi.fi}{N} \right)$

## Explicação e Resumo para o Cálculo da Média ( $\overline{X}$ ) utilizando o benefício da Variável Transformada

Transformar é mudar, converter. E para isso, precisamos agir. E esta ação ocorrerá por meio de operações (soma, subtração, multiplicação e divisão) realizadas de acordo com a necessidade nos elementos do conjunto original da Distribuição de Freqüências apresentada. Vejamos o exemplo abaixo de uma Distribuição de Freqüências, onde desejamos encontrar a Média:

### Distribuição de Freqüências:

| Xi | PMi | fi | PMi.fi |
|---|---|---|---|
| 0⊢2 | 1 | 3 | 3 |
| 2⊢4 | 3 | 5 | 15 |
| 4⊢6 | 5 | 8 | 40 |
| 6⊢8 | 7 | 10 | 70 |
| 8⊢10 | 9 | 2 | 18 |
| Total | | N=28 | 146 |

Então:

$$\overline{X} = \left( \frac{\sum PMi.fi}{N} \right) = \frac{\sum (1.3)+(3.5)+(5.8)+(7.10)+(9.2)}{28} = \frac{146}{28} \Rightarrow \overline{X} = 5,2$$

Mas nas provas das faculdades, universidades, e principalmente, nos concursos públicos, os números sugeridos sempre são mais trabalhosos. É aí que entra em ação a nossa transformação: a Variável Transformada da Média $\overline{Y}$.

### Etapas para o Cálculo de $\overline{Y}$:

1º Passo: saber que o valor de $\overline{Y}$ será o somatório de Yi.fi dividido por N.

2º Passo: encontrar os Yi referentes a cada linha da Distribuição. Para isso, construiremos uma coluna de valores Yi que podem sempre seguir as orientações dadas abaixo:

a)Teremos PMi (incógnita) sendo subtraído do valor numérico encontrado na primeira linha da coluna do PMi da Distribuição.

b)Dividiremos o resultado encontrado em: **a)** pela Amplitude da Classe, **h**, cujo valor é a diferença entre o limite superior e o inferior de uma das classes da Distribuição. Aí teremos em nosso exemplo a seguinte situação:

Obs.: h= (L-l)=(2-0)=(4-2)=(6-4)=(8-6)=(10-8)=2. Então:

$Yi = \dfrac{(PMi-1)}{2}$ . Desta forma teremos a nova tabela:

| Xi | PMi | fi | PMi.fi | Yi | Yi.fi |
|------|------|------|--------|------|-------|
| 0l—2 | 1 | 3 | 3 | 0 | 0 |
| 2l—4 | 3 | 5 | 15 | 1 | 5 |
| 4l—6 | 5 | 8 | 40 | 2 | 16 |
| 6l—8 | 7 | 10 | 70 | 3 | 30 |
| 8l—10 | 9 | 2 | 18 | 4 | 8 |
| Totais | | N=28 | 146 | 10 | 59 |

Então:

$$\overline{Y} = \frac{\sum Xi.fi}{N} = \frac{\sum (0,3)+(1,5)+(2,8)+(3,10)+(4,2)}{28} = \frac{59}{28} = 2,10$$

E como faremos para encontrar $\overline{X}$? Usaremos a coluna da transformação, onde: Yi= $\overline{Y}$ e PMi = $\overline{X}$. Aí temos:

$$2,10 = \frac{\overline{X}-1}{2} \Rightarrow 2.2,10+1 = \overline{X} \Rightarrow \overline{X} = 2.2,10+1 = 5,2$$

Realmente, é bem melhor e mais rápida esta maneira de encontrarmos a Média.

### Dica de Ouro da Média

• **Se a distribuição de freqüências é simétrica e tem um número ímpar de classes, a média será o ponto médio da classe intermediária.**

• **Se a distribuição de freqüências é simétrica e tem um número par de classes, a média será o limite superior da primeira classe intermediária, que é igual ao limite inferior da segunda classe intermediária.**

**Moda (Mo)** – É o valor que ocorre com maior freqüência em uma série de valores.

• Desse modo, o salário modal dos empregados de uma fábrica é o salário mais comum, isto é, o salário recebido pelo maior número de empregados dessa fábrica.

**Dados não Agrupados** – A Moda é facilmente reconhecida: basta, de acordo com a definição, procurar o valor que mais se repete de preferência após ter feito o Rol (colocação dos dados em ordem crescente ou decrescente) dos dados oferecidos.

**Ex.:** na série {7, 8, 9, 10, 10, 10, 11, 12} a **Moda** é igual a **10**.

• Há séries em que o valor modal não existe. Dizemos que estas séries são **Amodais**.

**Ex.:** {3, 5, 8, 10, 12}. Não apresenta **Moda**. Esta série é amodal.

• Em outros casos, podemos ter **dois** ou **mais** valores de concentração. Dizemos, então, que a série tem dois ou mais valores Modais.

**Ex.:** {2, 3, 4, 4, 4, 5, 6, 7, 7, 7, 8, 9}. Apresenta duas modas: **4** e **7**. A série é bimodal.

**Ex.:** {2, 2, 2, 4, 4, 4, 5, 6, 7, 7, 7, 8, 9}. Apresenta três modas: **2**, **4** e **7**. A série é multimodal.

## Dados Agrupados

**Sem Intervalos de Classe** – Uma vez agrupados os dados, é possível determinar imediatamente a Moda: **basta fixar o valor da variável de maior freqüência.**

**Ex.:** Qual a temperatura mais comum medida no mês abaixo:

| Temperaturas | Freqüências |
|:---:|:---:|
| 0°C | 3 |
| 1°C | 9 |
| 2°C | 12 |
| 3°C | 6 |
| 4°C | 5 |

Resposta: **2°C** é a temperatura Modal, pois é a de maior freqüência.

**Com Intervalos de Classe** – A classe que apresenta a maior freqüência é denominada **Classe Modal.** Pela definição, podemos afirmar que a **Moda**, neste caso, é o valor dominante que está **compreendido entre os Limites da Classe Modal.** O método mais simples para o cálculo da Moda consiste em tomar o Ponto Médio da Classe Modal. Damos a esse valor a denominação de **Moda Bruta.**

**Mo = (l + L)/2**

em que **l** = Limite Inferior da Classe Modal e **L** = limite superior da classe modal.

**Ex.:** calcule a Estatura Modal conforme a tabela abaixo.

| Classes (em cm) | Freqüência |
|:---:|:---:|
| 54 \|----------58 | 9 |
| 58 \|----------62 | 11 |
| 62 \|----------66 | 8 |
| 66 \|----------70 | 5 |

**Resposta:** a classe modal é 58 ⊢ 62, pois é a de maior freqüência. I = 58 e L = 62

**Mo** = (58+62)/ 2 = 60 cm (este valor é estimado, pois não conhecemos o valor real da moda).

**Para o cálculo da moda temos dois métodos mais elaborados. A praxe nos faz realizar o cálculo da moda de uma distribuição de freqüências pela fórmula de** CZUBER:

$$Mo = l_{CMo} + \frac{\Delta_1}{\Delta_1 + \Delta_2}.h_{CMo}$$

$l_{CMo}$ = Limite Inferior da Classe Modal ;

$\Delta_1$= Freqüência simples da classe modal – Freqüência simples da **classe anterior** à da classe modal;

$\Delta_2$= Freqüência simples da classe modal – Freqüência simples da **classe posterior** à da classe modal ;

$h_{CMo}$ = Amplitude da Classe Modal.

Quando solicitado pela questão da prova podemos utilizar o Método de KING para encontrarmos a Moda em uma certa Distribuição de Freqüência. A Fórmula segundo KING é:

$$Mo = l_{CMo} + \frac{fpost}{fpost + fant}.h_{CMo}$$

$l_{CM_O}$ = limite inferior da classe modal;

$fpost$ = freqüência simples posterior à da classe modal;

$fant$ = freqüência simples anterior à da classe modal;

$h_{CM_O}$ = amplitude da classe modal.

**Obs.:** a **moda** é utilizada quando desejamos obter uma medida rápida e aproximada de posição ou quando a medida de posição deva ser o valor mais típico da distribuição. Já a **média aritmética** é a medida de posição que possui a maior estabilidade.

## PROPRIEDADES DA MODA

1ª propriedade: somando-se (ou subtraindo-se) uma constante (k) a todos os valores de uma variável, a moda do conjunto fica aumentada (ou diminuída) dessa constante.

2ª propriedade: multiplicando-se (ou dividindo-se) todos os valores de uma variável por uma constante (k), a moda do conjunto fica multiplicada (ou dividida) por essa constante.

### DICA DE OURO DA MODA

Se a distribuição de freqüências é simétrica, a moda do conjunto será exatamente igual à sua média.

### Mediana – (Md)

### Medidas de posição

1) **Medidas de tendência central: média, moda e mediana;**

2) **Medidas separatrizes: mediana, quartis, decis, centis (percentis).**

A **mediana de um conjunto de valores**, dispostos segundo uma ordem (crescente ou decrescente), é o valor situado de tal forma no conjunto **que o separa em dois subconjuntos de mesmo número de elementos**.

### A MEDIANA EM DADOS NÃO AGRUPADOS:

Dada uma série de valores como, por exemplo: {5, 2, 6, 13, 9, 15, 10}.

De acordo com a definição de mediana, o primeiro passo a ser dado é o da ordenação (crescente ou decrescente) dos valores: {2, 5, 6, 9, 10, 13, 15}.

O valor que divide a série acima em duas partes iguais é igual a 9, logo **Md = 9.**

## MÉTODO PRÁTICO PARA O CÁLCULO DA MEDIANA:

**Se a série dada tiver número ímpar de termos**: o valor mediano será o termo de ordem dado pela fórmula:

$$\frac{(N+1)}{2}$$

**Ex.:** Calcule a Mediana da série {1, 3, 0, 0, 2, 4, 1, 2, 5}.

1°– ordenar a série {0, 0, 1, 1, 2, 2, 3, 4, 5}.

N = 9, logo, $\frac{(N+1)}{2}$ é dado por $\frac{(9+1)}{2}$ = 5, ou seja, o 5° elemento da série ordenada será a Mediana.

A mediana será o 5° **elemento = 2**

**Se a série dada tiver número par de termos:** o valor mediano será o termo de ordem dado pela fórmula:

$$\frac{(N+1)}{2}$$

**Ex.:** Calcule a Mediana da série { 1, 3, 0, 0, 2, 4, 1, 3, 5, 6 }

1°– ordenar a série ( 0, 0, 1, 1, 2, 3, 3, 4, 5, 6 )

N = 10, logo a fórmula ficará: $\frac{(N+1)}{2} = \frac{(10+1)}{2} = 5,5$ .

A Mediana será na realidade o (5° termo+ 6° termo) / 2

5° termo = 2

6° termo = 3

A Mediana será = $\frac{2+3}{2}$ , ou seja, **Md = 2,5** . A Mediana no exemplo será a Média Aritmética do 5° e 6° termos da série.

## Notas:

• Quando o número de elementos da série estatística for ímpar, haverá coincidência da mediana com um dos elementos da série.

• Quando o número de elementos da série estatística for par, nunca haverá coincidência da mediana com um dos elementos da série. **A mediana será sempre a média aritmética dos 2 elementos centrais da série.**

• Em uma série a **mediana, a média** e a **moda** não têm, necessariamente, o mesmo valor.

• A **mediana depende da posição e não dos valores dos elementos** na série ordenada. Essa é uma das diferenças marcantes entre mediana e média ( que se deixa influenciar, e muito, pelos valores extremos). Vejamos:

Em $\{5, 7, 10, 13, 15\}$, **a média = 10 e a mediana = 10.**

Em $\{5, 7, 10, 13, 65\}$ **a média = 20 e a mediana = 10.**

• Isto é, a média do segundo conjunto de valores é maior do que a do primeiro, por influência dos valores extremos, ao passo que a mediana permanece a mesma.

### A MEDIANA EM DADOS AGRUPADOS

a) **Sem intervalos de classe**: neste caso, é o bastante identificar a freqüência acumulada imediatamente superior à metade da soma das freqüências. A **mediana** será aquele valor da variável que corresponde a tal freqüência acumulada.

**Ex.:** conforme tabela abaixo:

| Variável Xi | Freqüência fi | Freqüência Acumulada |
|:---:|:---:|:---:|
| 0 | 2 | 2 |
| 1 | 6 | 8 |
| 2 | 9 | 17 |
| 3 | 13 | 30 |
| 4 | 5 | 35 |
| **Total** | **35** | |

• Quando o somatório das freqüências for ímpar, o valor mediano será o termo de ordem dado pela fórmula:

$$\frac{\sum fi + 1}{2}$$

Como o somatório das freqüências = 35 a fórmula ficará: ( 35 + 1 )/2 = **18°** **termo = 3**.

• Quando o somatório das freqüências for par, o valor mediano será o termo de ordem dado pela fórmula:

$$\frac{\left(\sum fi/2\right) + \left(\sum fi/2 + 1\right)}{2}$$

**Ex.:** calcule a Mediana da tabela abaixo:

| Variável Xi | Freqüência fi | Freqüência Acumulada |
|:---:|:---:|:---:|
| 12 | 1 | 1 |
| 14 | 2 | 3 |
| 15 | 1 | 4 |
| 16 | 2 | 6 |
| 17 | 1 | 7 |
| 20 | 1 | 8 |
| **Total** | **8** | |

Aplicando fórmula acima, teremos: $[(8/2) + (8/2 + 1)]/2 = (4°$ termo $+ 5°$ termo$)/2 = (15 + 16)/2 = 15,5$.

b) **Com intervalos de classe**: devemos seguir os seguintes passos:

1°) Determinamos as freqüências simples acumuladas crescentes ;

2°) Calculamos $\sum fi/2$;

3°) Marcamos a classe correspondente à freqüência simples acumulada crescente imediatamente superior à $\sum fi/2$. Tal classe será a classe mediana;

4°) Calculamos a mediana pela seguinte fórmula:

$$Md = l_{cmd} + \frac{\dfrac{N}{2} - fant}{fi_{CMd}}.h_{CMd}$$

$l_{CMd}=$ é o **limite inferior da classe mediana;**

*fant*= é a **freqüência simples acumulada crescente** da classe anterior **à classe mediana;**

$fi_{CMd}=$ é a **freqüência simples da classe mediana;**

$h_{CMd}=$ é a amplitude do intervalo da **classe mediana**.

Exemplo:

| Classes | Freqüência = fi | Freqüência Acumulada |
|:---:|:---:|:---:|
| 50 \|---------- 54 | 4 | 4 |
| 54 \|---------- 58 | 9 | 13 |
| **58 \|---------- 62** | **11** | **24** |
| 62 \|---------- 66 | 8 | 32 |
| 66 \|---------- 70 | 5 | 37 |
| 70 \|---------- 74 | 6 | 40 |
| Total | 40 | |

Identificamos a classe mediana: $\sum fi/2=40/2=20 \leq fac$;

logo a classe mediana será a 3ª classe da distribuição acima.

$l = 58;$ $\qquad fant = 13;$ $\qquad fi_{CMd} = 11;$ $\qquad h_{CMd} = 4.$

Substituindo esses valores na fórmula, obtemos:

$Md = 58 + [(20 - 13) \times 4]/11 = 58 + 28/11 = \mathbf{60{,}54}$

### Emprego da mediana:

• Quando desejamos obter o ponto que divide a distribuição em duas partes iguais.

• Quando há valores extremos que afetam de maneira acentuada a média aritmética.

• Quando a variável em estudo é salário.

## PROPRIEDADES DA MEDIANA

1ª propriedade: somando-se (ou subtraindo-se) uma constante (k) a todos os valores de uma variável, a mediana do conjunto fica aumentada (ou diminuída) dessa constante.

2ª propriedade: multiplicando-se (ou dividindo-se) todos os valores de uma variável por uma constante (k), a mediana do conjunto fica multiplicada (ou dividida) por essa constante.

## RELAÇÕES ENTRE MÉDIA, MODA E MEDIANA

No caso de um conjunto simétrico com número ímpar de classes, sabemos que:

$$\bar{X} = Mo = Md = PMi \quad \text{da classe intermediária.}$$

## MEDIDAS SEPARATRIZES

Além das medidas de posição que estudamos, há outras que, consideradas individualmente, **não são medidas de tendência central**, mas estão ligadas à mediana, relativamente à sua característica de separar a série em duas partes, que apresentam o mesmo número de valores.

Essas medidas os **quartis**, os **decis** e os **centis** (**percentis**) são, juntamente com a mediana, conhecidos pelo nome genérico de **separatrizes**.

## QUARTIS – $Q_n$

Denominamos **quartis** os valores de uma série que a **dividem em quatro partes iguais**. Precisamos, portanto, de **3 quartis (Q1, Q2 e Q3)** para dividir a série em quatro partes iguais.

Obs: o **quartil 2 ($Q_2$) SEMPRE SERÁ IGUAL À MEDIANA DA SÉRIE.**

### Quartis em dados não agrupados

O método mais prático é utilizar **o princípio do cálculo da mediana para os 3 quartis**. Na realidade **serão calculadas "3 medianas" em uma mesma série.**

Ex. 1: calcule os quartis da série: {5, 2, 6, 9, 10, 13, 15}.

- O primeiro passo a ser dado é o da ordenação (crescente ou decrescente) dos valores: {2, 5, 6, 9, 10, 13, 15}.

- O valor que divide a série acima em duas partes iguais é 9, logo, a Md = 9, que será = $Q_2$ = 9.

- Temos agora {2, 5, 6} e {10, 13, 15} como sendo os dois grupos de valores iguais proporcionados pela mediana (quartil 2). Para o cálculo dos quartis 1 e 3, basta calcularmos as medianas das partes iguais provenientes da verdadeira mediana da série (quartil 2).

Logo, em {2, 5, 6} a mediana é = 5. Ou seja: será o **quartil 1 = $Q_1$ = 5.**

Já em {10, 13, 15}, a mediana é =13. Ou seja: será o **quartil 3 = $Q_3$ = 13.**

Ex. 2: calcule os quartis da série: {1, 1, 2, 3, 5, 5, 6, 7, 9, 9, 10, 13}.

- A série já está ordenada, então calcularemos o **quartil 2 = Md = (5 + 6)/2 = 5,5.**

- O quartil 1 será a mediana da série à esquerda da **Md: {1, 1, 2, 3, 5, 5}** **$Q_1$ = (2 + 3)/2 = 2,5.**

- O quartil 3 será a mediana da série à direita da **Md: {6, 7, 9, 9, 10, 13}** **$Q_3$ = (9 + 9)/2= 9.**

## QUARTIS PARA DADOS AGRUPADOS EM CLASSES

Usamos a mesma técnica do cálculo da mediana, bastando substituir e acrescentar, na fórmula da mediana, $\sum fi = \dfrac{N}{2}$, o seguinte: $\dfrac{n.N}{4}$ , onde **n** é o número de ordem do quartil desejado, **N** é o número de elementos da distribuição e quatro é a quantidade pela qual é dividida a distribuição, no caso dos quartis. Assim, temos:

$$Q_n = l_{CQn} + \frac{\dfrac{n.N}{4} - fant}{fi_{CQn}} . h_{CQn}$$

Logo:

$l_{CQn}$ = é o **limite inferior da classe do quartil desejado n;**

*fant*= é a **freqüência simples acumulada crescente** da classe anterior à **classe do quartil desejado;**

$fi_{CQn}$ = é a **freqüência simples da classe do quartil desejado;**

$h_{CQn}$ = é a amplitude do intervalo da **classe do quartil desejado.**

**Então, temos as três fórmulas para o cálculo dos três quartis que usaremos: $Q_1$, $Q_2$ e $Q_3$:**

$$Q_1 = l_{CQ_1} + \frac{\dfrac{1.N}{4} - fant}{fi_{CQ_1}} . h_{CQ_1}$$

$$Q_2 = l_{CQ_2} + \frac{\dfrac{2.N}{4} - fant}{fi_{CQ_2}} . h_{CQ_2}$$

$$Q_3 = l_{CQ_3} + \frac{\dfrac{3.N}{4} - fant}{fi_{CQ_3}} . h_{CQ_3}$$

Ex. 3: calcule os quartis da tabela abaixo:

| Classes | Freqüência = fi | Freqüência Acumulada |
|---|---|---|
| 50 \|---------- 54 | 4 | 4 |
| 54 \|----------58 | 9 | 13 |
| 58 \|----------62 | 11 | 24 |
| 62 \|----------66 | 8 | 32 |
| 66 \|----------70 | 5 | 37 |
| 70 \|---------- 74 | 3 | 40 |
| **Total** | **40** | |

O quartil 2 = Md, logo:

$$\frac{2.N}{4} = \frac{N}{2} = \frac{40}{2} = 20$$ . Assim a classe do quartil 2 é 58 |----------62.

$l_{c_{Q_2}} = 58;$  $fant = 13;$  $fi_{c_{Q_2}} = 11;$  $h_{c_{Q_2}} = 4.$

Substituindo esses valores na fórmula, obtemos:

$$Q_2 = 58 + \frac{20-13}{11}.4 = \mathbf{60,54}$$

O quartil 1:

$$\frac{1.N}{4} = \frac{N}{4} = \frac{40}{4} = 10$$ . Assim, a classe do quartil 1 é 54 |----------58.

$l_{c_{Q_2}} = 54;$  $fant = 4;$  $fi_{c_{Q_2}} = 9;$  $h_{c_{Q_2}} = 4.$

$$Q_1 = l_{CQ_1} + \frac{\frac{1.N}{4} - fant}{fi_{CQ_1}} \cdot h_{CQ_1}$$

Substituindo esses valores na fórmula, obtemos:

$$Q_1 = 54 + \frac{10 - 4}{9} \cdot 4 = \textbf{56,66} = 56,66$$

O quartil 3:

$$\frac{3.N}{4} = \frac{3.40}{4} = \frac{120}{4} = 30$$ . Assim, a classe do quartil 3 é 62 |---------66.

$l_{CQ_2} = 62;$ $\quad fant = 24;$ $\quad fi_{CQ_2} = 8;$ $\quad h_{CQ_2} = 4.$

$$Q_3 = l_{CQ_3} + \frac{\frac{3.N}{4} - fant}{fi_{CQ_3}} \cdot h_{CQ_3}$$

Substituindo esses valores na fórmula, obtemos:

$$Q_3 = 62 + \frac{30 - 24}{8} \cdot 4 = \textbf{65,00}$$

## DECIS – Dn

Denominamos **decis** os valores de uma série que a **dividem em dez partes iguais**. Precisamos, portanto, de **9 decis (D1, D2, D3, ..., D9)** para dividir a série em dez partes iguais.

Obs: **o decil 5 (D5) = quartil 2 (Q2), que, por sua vez <u>SEMPRE SERÁ IGUAL À MEDIANA DA SÉRIE.</u>**

### Decis para dados agrupados em classes

Usamos a mesma técnica do cálculo da mediana, bastando substituir e acrescentar, na fórmula da mediana, $\dfrac{\sum fi}{2} = \dfrac{N}{2}$, o seguinte: $\dfrac{n.N}{10}$ , em que **n** é o número de ordem do decil desejado, **N** é o número de elementos da distribuição e dez é a quantidade pela qual é dividida a distribuição, no caso dos decis. Assim, temos:

$$D_n = l_{CD_n} + \frac{\dfrac{n.N}{10} - fant}{fi_{CD_n}}.h_{CD_n}$$

Logo:

$l_{CD_n}$ = é o **limite inferior da classe do decil desejado n;**

*fant* = é a **freqüência simples acumulada crescente** da classe anterior à **classe do decil desejado;**

$fi_{CD_n}$ = é a **freqüência simples da classe do decil desejado;**

$h_{CD_n}$ = é a amplitude do intervalo da **classe do decil desejado.**

**Então, temos as três fórmulas para o cálculo dos três decis que mais usaremos: $D_1$, $D_5$ e $D_9$:**

$$D_1 = l_{CD_1} + \frac{\dfrac{1.N}{10} - fant}{fi_{CD_1}}.h_{CD_1}$$

$$D_5 = l_{CD_5} + \frac{\dfrac{5.N}{10} - fant}{fi_{CD_5}}.h_{CD_5}$$

$$D_9 = l_{CD_9} + \frac{\dfrac{9.N}{10} - fant}{fi_{CD_9}}.h_{CD_9}$$

Ex. 3: calcule, na tabela abaixo, os decis estudados anteriormente:

| Classes | Freqüência = fi | Freqüência Acumulada |
|---|---|---|
| 50 \|---------- 54 | 4 | 4 |
| 54 \|----------58 | 9 | 13 |
| 58 \|----------62 | 11 | 24 |
| 62 \|----------66 | 8 | 32 |
| 66 \|----------70 | 5 | 37 |
| 70 \|---------- 74 | 3 | 40 |
| **Total** | **40** | |

## O DECIL 5 = Md , LOGO:

$\dfrac{5.N}{10} = \dfrac{N}{2} = \dfrac{40}{2} = 20$ . Assim a classe do quartil 2 é:  58 \|----------62.

$l_{CD_5} = 58;$  $fant = 13;$  $fi_{CD_5} = 11;$  $h_{CD_5} = 4.$

$$D_5 = l_{CD_5} + \dfrac{\dfrac{5.N}{10} - fant}{fi_{CD_5}}.h_{CD_5}$$

Substituindo esses valores na fórmula, obtemos:

$$D_5 = 58 + \dfrac{20-13}{11}.4 = D_5 = \boldsymbol{60,54}$$

## O DECIL 1:

$\dfrac{1.N}{10} = \dfrac{N}{10} = \dfrac{40}{10} = 4$ . Assim, a classe do decil 1 é 50 \|----------54.

$l_{CQ_2} = 50;$  $fant = 0;$  $fi_{CQ_2} = 4;$  $h._{CQ_2} = 4$

$$D_1 = l_{CD_1} + \frac{\frac{1.N}{10} - fant}{fi_{CD_1}} . h_{CD_1}$$

Substituindo esses valores na fórmula, obtemos:

$$D_1 = 50 + \frac{4-0}{4} . 4 = \mathbf{54,00}$$

## O DECIL 9:

$$\frac{9.N}{10} = \frac{9.40}{10} = \frac{360}{10} = 36$$ . Assim, a classe do decil 9 é 66 |----------70.

$$l_{CQ_2} = 66; \quad fant = 32; \quad fi_{CQ_2} = 5; \quad h_{CQ_2} = 4$$

$$D_9 = l_{CD_9} + \frac{\frac{9.N}{10} - fant}{fi_{CD_9}} . h_{CD_9}$$

Substituindo esses valores na fórmula, obtemos:

$$D_9 = 66 + \frac{36-32}{5} . 4 = \mathbf{69,20}$$

# PERCENTIL ou CENTIL - $P_n$

Denominamos **percentis** ou **centis** como sendo os noventa e nove valores que separam uma série em 100 partes iguais. Indicamos: $P_1$, $P_2$, ..., $P_{99}$. É evidente que $P_{50} = Md; P_{25} = Q1$ e $P_{75} = Q3$.

Para o cálculo dos centis, usaremos a mesma técnica do cálculo da mediana, bastando substituir e acrescentar, na fórmula da mediana, $\dfrac{\sum fi}{2} = \dfrac{N}{2}$, o seguinte: $\dfrac{n.N}{100}$, onde **n** é o número de ordem do percentil desejado, **N** é o número de elementos da distribuição e cem é a quantidade pela qual é dividida a distribuição, no caso dos percentis. Assim, temos:

$$P_n = l_{CP_n} + \frac{\dfrac{n.N}{100} - fant}{fi_{CP_n}} . h_{CP_n}$$

Logo:

$l_{CPn}$ = é o **limite inferior da classe do percentil desejado n;**

*fant*= é a **freqüência simples acumulada crescente** da classe anterior à **classe do percentil desejado;**

$fi_{CPn}$ = é a **freqüência simples da classe do percentil desejado;**

$h_{CPn}$ = é a amplitude do intervalo da **classe do percentil desejado.**

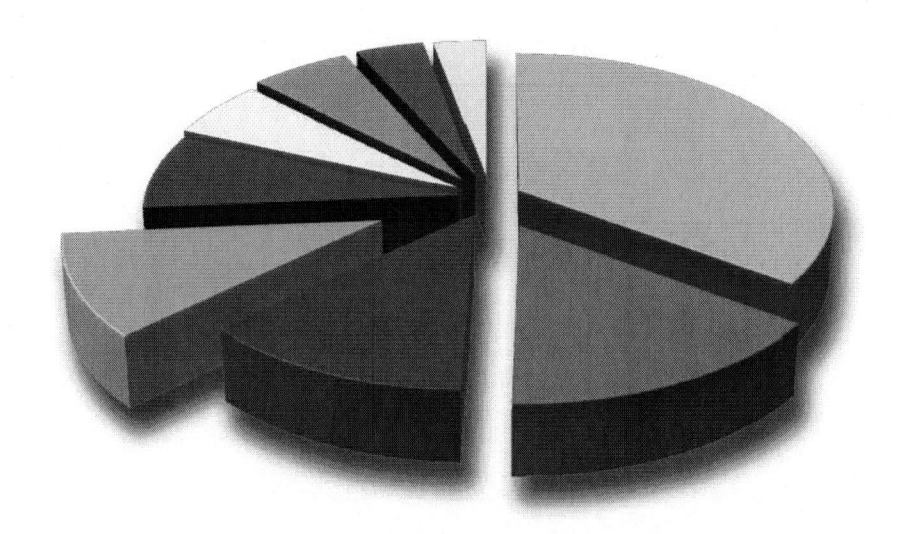

# MEDIDAS DE DISPERSÃO

**Dispersão** ou **variabilidade**: é a maior ou menor diversificação dos valores de uma variável em torno de um valor de tendência central (média ou mediana) tomado como ponto de comparação.

A **média** - Ainda que considerada como um número que tem a faculdade de representar uma série de valores, não pode, por si mesma, destacar o grau de homogeneidade ou heterogeneidade que existe entre os valores que compõem o conjunto.

**Consideremos os seguintes conjuntos de valores dos estagiários X e Y:**

**X = {3, 8, 12, 15, 3, 1}**

**Y = {6, 7, 8, 8, 7, 6}**

Se formos calcular a média da produção dos dois estagiários, observaremos que ambos tiveram o mesmo resultado. Senão, vejamos:

$$\bar{X} = \frac{(3+8+12+15+3+1)}{6} = \frac{42}{6} = 7$$

$$\bar{Y} = \frac{(6+7+8+8+7+6)}{6} = \frac{42}{6} = 7$$

Ou seja, de acordo com a *medida* de posição que analisamos, ambos tiveram um desempenho semelhante, alcançando a média de 7 projetos/mês.

Todavia, se lançarmos um olhar mais apurado sobre a produção de cada estagiário, facilmente observaremos que $\bar{X}$ teve um desempenho mais inconstante, de forma que seus resultados mensais sofreram uma variação de 1 (um) projeto até 15 (quinze). Em outras palavras, seus resultados estão mais "dispersos", mais afastados em relação à *média*.

Já no caso de $\bar{Y}$, este manteve um desempenho quase que constante, de modo que sua produção mensal variou apenas entre 6 (seis) e 8 (oito) projetos. A dispersão verificada nos resultados deste último estagiário foi bem menor, o que confere a esse funcionário, neste exemplo, uma característica de maior constância, bastante desejável pela diretoria da empresa.

A conclusão a que chegamos acima não nos seria possível pelo mero cálculo das *medidas de posição*. Somente a análise das *medidas de dispersão* nos poderia tê-la fornecido. Destarte, conforme dissemos, as *medidas de dispersão* complementam as informações a respeito do conjunto analisado, dando-nos uma visão completa deste.

**Passemos às medidas de *dispersão*.**

# Amplitude Total – (AT)

É a medida de dispersão mais simples de todas. Em suma, a *amplitude* total é a diferença entre o maior e o menor elemento do nosso conjunto.

### Amplitude Total para um rol

Exemplo: consideramos o conjunto seguinte:

{**2**, 3, 3, 5, 7, 11, 12, 12, 15, 18, **22**}

Maior elemento = 22;

Menor elemento = 2.

Daí: AT = (22 - 2) = > AT = 20.

### Amplitude Total para dados tabulados

**Exemplo:** determine a *amplitude total* do conjunto abaixo.

| Xi | fi |
|----|----|
| 1 | 2 |
| 3 | 5 |
| 5 | 7 |
| 6 | 4 |
| 8 | 1 |

Maior elemento = 8;

Menor elemento = 1.

Daí: AT = (8 - 1) = > AT = 7.

## AMPLITUDE TOTAL PARA DISTRIBUIÇÃO DE FREQÜÊNCIAS

Vejamos o conjunto abaixo:

| Xi | fi |
|:---:|:---:|
| 10\|----20 | 3 |
| 20\|----30 | 5 |
| 30\|----40 | 8 |
| 40\|----50 | 4 |
| 50\|----60 | 2 |
| 60\|----70 | 1 |

Maior elemento = 70;

Menor elemento = 10.

Daí: AT = (70 - 10) = > AT = 60.

A *amplitude total* não é uma boa forma para analisarmos a dispersão de um conjunto, tendo em vista que só leva em consideração os seus valores extremos, nada informando acerca dos demais elementos. Tem, portanto, este forte inconveniente.

## DESVIO QUARTÍLICO (OU AMPLITUDE SEMI-INTERQUARTÍLICA) – Dq

O cálculo desta *medida de dispersão* será muito fácil para nós, que acabamos de estudar as *medidas separatrizes*. Só teremos que nos lembrar da fórmula que define este desvio, que é a seguinte:

$$D_q = \frac{(Q_3 - Q_1)}{2}$$

Em que: $Q_3$ é o *terceiro quartil*; e $Q_1$ é o *primeiro quartil*.

Para tentarmos memorizar com mais facilidade, traduziremos *amplitude inter-quartílica (ou distância interquartílica)* como *amplitude entre os quartis*, que será calculada apenas como $(Q_3 - Q_1)$. Uma vez que o prefixo "semi" indica "metade", concluímos que a *amplitude semi-interquartílica* será determinada (como vimos acima) por $[(Q_3 - Q_1)/2]$.

A forma de determinação dos *quartis* – $Q_3$ e $Q_1$ – já foi bastante explicitada em páginas anteriores.

A propriedade marcante desta *medida de dispersão* é o fato de que o intervalo compreendido entre os dois valores seguintes – a *mediana* subtraída do *desvio quartílico* e a *mediana* somada ao *desvio quartílico* - abrange *aproximadamente* 50% (cinqüenta por cento) dos elementos do conjunto.

Ou seja, a área sob a curva e limitada por esses valores (Md - Dq) e (Md + Dq) abrange, **aproximadamente**, 50% do total dos elementos do conjunto. Observemos que esta se trata, em regra, de uma propriedade de aproximação, e não de exatidão. Tanto mais se aproximará da precisão quanto mais próximo da simetria for o nosso conjunto. Se o conjunto for perfeitamente simétrico, então a propriedade deixará de ser aproximativa e passará a ser exata.

Temos, portanto, que o *desvio quartílico* é uma *medida de dispersão* que toma como elemento de referência a mediana do conjunto (e não a *média*). Observamos, ainda, que a análise da *dispersão* por meio deste *desvio* está aquém do primeiro quartil $(Q_1)$ ou além do terceiro quartil $(Q_3)$. Em outras palavras, o valor do *desvio quartílico* não é influenciado pelos valores extremos do conjunto.

# Desvio Médio Absoluto – DMA

Também chamado de desvio médio, desvio absoluto ou desvio absoluto médio.

É uma *medida de dispersão* que toma como referência para determinação dos desvios ("afastamentos") o valor da *média* do conjunto. E a característica marcante desta *medida* é que serão considerados os *valores absolutos* destes desvios. Daí o nome *desvio absoluto*. Vejamos como se calcula o DMA.

### Desvio Médio Absoluto para o rol

Será determinado da seguinte maneira:

$$DMA = \frac{\sum |Xi - \bar{X}|}{N}$$

**Exemplo:** determinamos o desvio médio absoluto do conjunto: $\{1, 3, 5, 7, 9\}$.

**1º Passo:** calculamos a *média* do conjunto.

$$\bar{X} = \frac{(1+3+5+7+9)}{5} = \frac{25}{5} = 5$$

**2º Passo:** construímos o conjunto dos *desvios* dos elementos Xi em relação à *média*.

$$Xi - \bar{X} = \{-4, -2, 0, 2, 4\}$$

**3º Passo:** tomando os valores do conjunto acima, consideramos agora apenas os seus valores absolutos, ou seja, **o que estiver negativo passará a ser positivo.**

$$|Xi - \bar{X}| = \{4, 2, 0, 2, 4\}$$

**4º Passo:** agora, somaremos os valores do conjunto acima para chegarmos ao numerador da nossa fórmula. Teremos:

$$\sum \left| Xi - \bar{X} \right| = 12$$

**5º Passo:** finalmente, considerando que nosso conjunto apresenta 5 elementos, ou seja, n = 5, aplicaremos a fórmula do *desvio médio absoluto* e encontraremos:

$$DMA = \frac{\sum \left| Xi - \bar{X} \right|}{N} = \frac{12}{5} = 2,4$$

### Desvio Médio Absoluto para dados tabulados

Será determinado por:

$$DMA = \frac{\sum \left| Xi - \bar{X} \right| . fi}{N}$$

Observamos que a transição que se verifica nas fórmulas do *desvio absoluto* para as três formas de apresentação dos dados (rol, dados tabulados e distribuição de freqüências) será exatamente a mesma transição que aprendemos para as fórmulas da *média* de um conjunto.

Desse modo, para chegarmos a esta fórmula do DMA para *dados tabulados*, só precisamos repetir a fórmula do rol e multiplicar por **fi** o numerador.

### Desvio Médio Absoluto para distribuição de freqüências

Será determinado por:

$$DMA = \frac{\sum \left| PMi - \overline{X} \right|.fi}{N}$$

Mais uma vez se repetiu a mesma transição observada nas fórmulas da *média*. Ao passarmos à fórmula do DMA para a *distribuição de freqüências*, deixamos de trabalhar com valores individualizados (Xi) e passamos a trabalhar com *classes*, de modo que não há mais que se falar em Xi, mas em *ponto médio* (PMi), que é o legítimo representante de cada classe.

## Desvio padrão – (S)

O *desvio padrão* será designado pela letra **S** (maiúscula). É uma *medida de dispersão* que, da mesma forma que o *desvio médio absoluto*, também toma como valor de referência a *média aritmética* do conjunto.

Lembrar-nos-emos que, enquanto o *desvio médio absoluto* (DMA) é a "medida do módulo", o *desvio padrão* será "medida da raiz quadrada": a única fórmula do nosso livro em que aparecerá a raiz quadrada.

Vejamos como calcularemos o **S** para as diferentes formas de apresentação de um conjunto.

### Desvio padrão para o rol

No caso do rol, aplicaremos a seguinte fórmula:

$$S = \sqrt{\frac{\sum \left( Xi - \overline{X} \right)^2}{N}}$$

Percebemos que, nesta fórmula do *desvio padrão* – do mesmo modo que ocorre para o *desvio médio absoluto* – surge a necessidade de conhecermos a *média* do conjunto, para calcularmos os *desvios* em torno desta. Este referido *desvio* é representado por $\left( Xi - \overline{X} \right)$.

### Fator de Correção de Bessel

Faremos aqui uma ressalva importantíssima: a fórmula acima apresentada para o *desvio padrão* de um rol somente será empregada no caso de estarmos trabalhando, em nossa questão, com a **população** do conjunto.

Sabemos que, em uma pesquisa estatística, podemos trabalhar com dois tipos de estudo distintos: o estudo por *censo* e o por *amostragem*, de forma que, no *censo*, trabalhamos considerando toda a população do conjunto; enquanto isso, na amostragem, apenas um subconjunto do todo (com característica de representatividade) será analisada. Vimos isso nos primeiros conceitos no início do livro.

Destarte, quando o enunciado solicitar que determinemos o *desvio padrão* de um conjunto, teremos essa primeira preocupação: verificar se nele estará representada toda a população ou apenas uma amostra.

A regra é simples: se a questão não falar em amostra, entenderemos que estamos diante da população.

### Desvio padrão de um rol, considerando toda a população:

$$ S = \sqrt{\frac{\sum \left( Xi - \overline{X} \right)^2}{N}} $$

### Desvio padrão de um rol, considerando apenas uma amostra:

$$ S = \sqrt{\frac{\sum \left( Xi - \overline{X} \right)^2}{N-1}} $$

## DESVIO PADRÃO PARA DADOS TABULADOS

Neste caso, a fórmula adotada obedecerá àquela mesma *transição* observada para as fórmulas da *média*. Repetiremos a fórmula do rol e multiplicaremos o numerador por *fi*. Ficaremos com:

$$S = \sqrt{\frac{\sum\left(Xi - \overline{X}\right)^2 . fi}{N}}$$

## FATOR DE CORREÇÃO DE BESSEL PARA DADOS TABULADOS

Tudo o que foi dito acerca do fator de correção de Bessel para o rol se aplicará – analogamente – aos *dados tabulados*. Ou seja: se o enunciado informar – expressa ou implicitamente – que o conjunto apresentado consiste em uma amostra, o denominador da fórmula convencional sofrerá a correção do fator de Bessel, qual seja, aparecerá um "menos 1" no denominador.

Em suma:

## DESVIO PADRÃO PARA DADOS TABULADOS, CONSIDERANDO TODA A POPULAÇÃO:

$$S = \sqrt{\frac{\sum\left(Xi - \overline{X}\right)^2 . fi}{N}}$$

## DESVIO PADRÃO PARA DADOS TABULADOS, CONSIDERANDO APENAS UMA AMOSTRA:

$$S = \sqrt{\frac{\sum\left(Xi - \overline{X}\right)^2 . fi}{N-1}}$$

### DESVIO PADRÃO PARA DISTRIBUIÇÃO DE FREQÜÊNCIAS

Novamente observaremos aqui a *transição* que se dá nas fórmulas da *média*. Ou seja: quando trabalhamos com *distribuição de freqüências*, deixamos de lado os elementos individuais **Xi** e passamos a considerar as classes. Destarte, não mais irá constar em nossa fórmula o **Xi** (elemento individual), mas, em seu lugar, surgirá o **PMi** (ponto médio), o qual é o legítimo representante de cada classe.

Em suma: para a *distribuição de freqüências*, repetiremos a fórmula dos *dados tabulados*, e trocaremos **Xi** por **PMi**. Teremos o seguinte:

$$S = \sqrt{\frac{\sum \left(PMi - \overline{X}\right)^{2}.fi}{N}}$$

### FATOR DE CORREÇÃO DE BESSEL PARA DISTRIBUIÇÃO DE FREQÜÊNCIAS

Da mesma forma que ocorreu com o conjunto apresentado sob forma de rol e de *dados tabulados*, na *distribuição de freqüências* também haverá a correção de Bessel – com o acréscimo de "menos 1" no denominador – sempre que o enunciado sugerir que estamos trabalhando com uma amostra.

Em suma, teremos:

### DESVIO PADRÃO PARA DISTRIBUIÇÃO DE FREQÜÊNCIAS, CONSIDERANDO TODA A POPULAÇÃO:

$$S = \sqrt{\frac{\sum \left(PMi - \overline{X}\right)^{2}.fi}{N}}$$

**Desvio padrão para distribuição de freqüências, considerando apenas uma amostra:**

$$S = \sqrt{\frac{\sum (PMi - \overline{X})^2 . fi}{N - 1}}$$

**Pafnouti Lvovitch Tchebychev** (Пафнутий Львович Чебышёв). Nasceu em 04 de Maio de 1821 em Okatovo e morreu em 26 de Novembro de 1894 em Saint-Pétersbourg. Como grande matemático Russo desenvolveu alguns Teoremas na Matemática como também na Estatística. É conhecido como *Tschebyscheff* na forma francesa de escrita e pronúncia, ou como, *Chebyshov/Chebyshev* nas formas anglo-saxônica. Na Estatística Descritiva usaremos o seu Teorema que trata acerca de uma relação entre a média ( $\overline{X}$ ) e o desvio padrão (S) de um conjunto.

Aprende-se esse Teorema de uma forma quase que meramente visual. Vejamos o desenho abaixo:

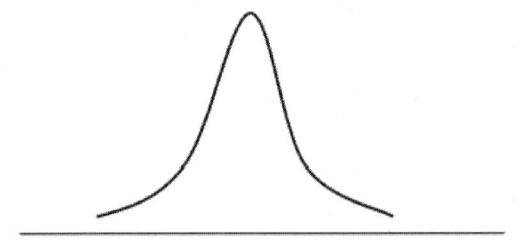

Esta curva é representativa de uma distribuição qualquer. Certo? Daí, suponhamos que a média esteja aí mais ou menos pelo meio da curva. Teremos:

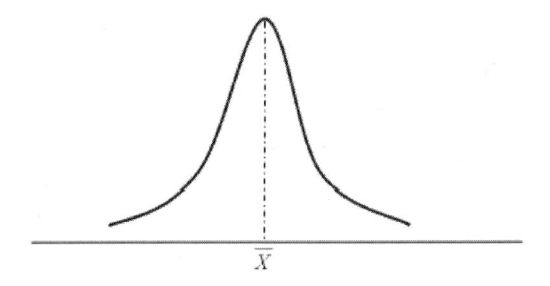

O que a questão vai fazer? Vai fornecer o valor desta média ( $\overline{X}$ ), e vai fornecer o valor do desvio padrão **(S)**.

E vai também fornecer dois limites, os quais definirão um intervalo qualquer.

Depois disso, a questão vai poder fazer uma destas duas perguntas:

**1ª) Qual a proporção máxima de elementos fora destes limites?**

ou

**2ª) Qual a proporção mínima de elementos dentro destes limites?**

Vou criar um exemplo, para entendermos melhor.

Suponhamos que eu diga que para um conjunto A, o valor da média é igual a 100 (cem) e o desvio padrão é igual a 10 (dez).

Daí, eu estabeleço um intervalo, que vai de 50 a 150.

E pergunto: qual a proporção máxima de elementos do conjunto que está fora desse intervalo?

Desenhando a questão, teremos:

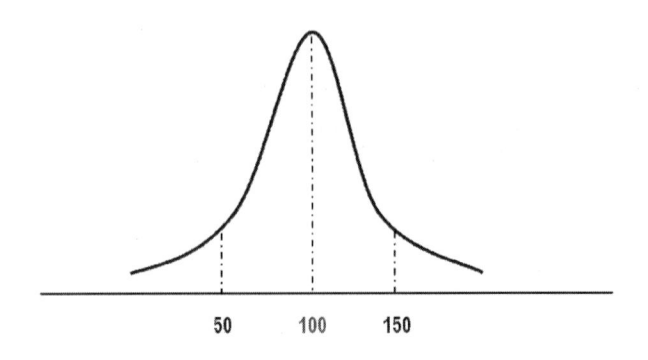

Quem for bom observador já percebeu que a distância entre a média e o limite superior desse intervalo será a mesma entre a média e o limite inferior. Ou seja, os limites são eqüidistantes da média. Chamando essa distância de **D**, teremos:

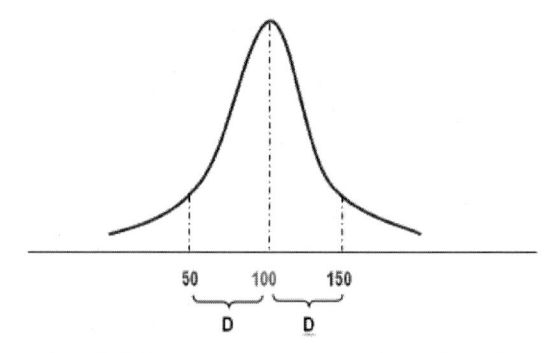

Até aqui, tudo bem? Pois agora vem a pergunta. E pode ser qualquer uma entre as seguintes:

1ª) Qual a **proporção máxima** dos elementos do conjunto **fora do intervalo** 50 a 150? Essa pergunta seria representada ilustrativamente assim:

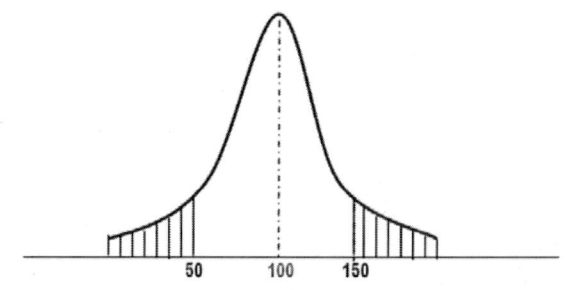

Repetindo: qual a proporção máxima dos elementos que estão fora dos limites do intervalo, ou seja, nestas duas áreas destacadas (à esquerda de 50 e à direita de 150)?

2ª) Qual a **proporção mínima** dos elementos do conjunto **dentro do intervalo** 50 a 150? Essa pergunta seria representada ilustrativamente assim:

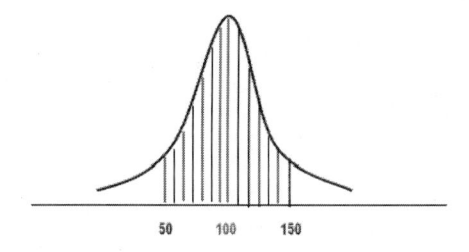

Entendido?

As perguntas serão sempre assim: **proporção máxima fora do Intervalo** ou **proporção mínima dentro do Intervalo**.

Sabendo disso, vamos aprender agora como responder a estas duas possíveis perguntas.

Para responder a primeira pergunta, relativa à **proporção máxima fora do Intervalo**, realizaremos os seguintes passos:

(1º Passo) Calculamos o valor **D** que é a diferença entre qualquer dos limites do intervalo e a média do conjunto.

Repetindo um desenho já feito, esse valor **D** será o seguinte:

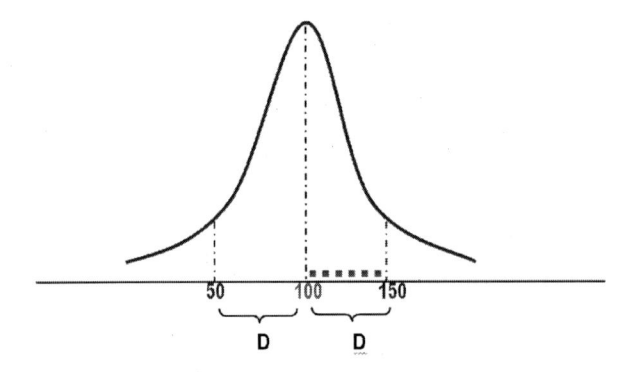

No caso desse exemplo, teríamos **D=50**.

(2º Passo) Calcularemos o valor da fração (D/Desvio Padrão), a qual chamaremos de **K**.

Ou seja:

$$K = \frac{D}{S}$$

Com os dados do nosso exemplo, encontraremos que: K=(50/10)=5,0

3º Passo) Aplicação direta da **Fórmula de Tchebychev**:

$$P_{\text{MÁXIMA}} = \frac{1}{K^2}$$

Teremos, pois, que:

$$\Rightarrow P_{\text{MÁXIMA}} = \frac{1}{5^2} = \frac{1}{25} = 0,04 = 4\%$$

Ou seja: 4% é a proporção máxima dos elementos do conjunto que estão fora daquele intervalo (50 a 150).

Uma vez conhecedores da $P_{\text{MÁXIMA}}$ **fora do intervalo estabelecid**o, sem maiores problemas chegaremos à $P_{\text{MÍNIMA}}$ dos elementos **dentro** do mesmo intervalo.

Basta fazer o seguinte:

$$\Rightarrow P_{\text{MÍNIMA}} = 1 - P_{\text{MÁXIMA}}$$

Para o mesmo exemplo, teríamos que:

$$\Rightarrow P_{\text{MÍNIMA}} = 1 - P_{\text{MÁXIMA}} \rightarrow P_{\text{MÍNIMA}} = 1 - 0,04 = 0,96 = 96,00\%$$

Entendido? É só isso e mais nada!

Passemos à resolução da questão 36, que caiu na prova do AFRF-2003. Veremos que agora seremos capazes de resolvê-la sem nenhuma dificuldade. Vamos a ela:

**(AFRF-2003)** As realizações anuais **Xi** dos salários anuais de uma firma com **N** empregados produziram as estatísticas:

$$\bar{X} = \frac{1}{N} \sum_{i=1}^{N} X_i = R\$14.300,00$$

$$S = \left[ \frac{1}{N} \sum_{i=1}^{N} \left( X_i - \bar{X} \right)^2 \right]^{0,5} = R\$1.200,00$$

Seja P a proporção de empregados com salários fora do intervalo [R$ 12.500,00; R$ 16.100,00]. Assinale a opção correta:

a) P é no máximo 1/2

b) P é no máximo 1/1,5

c) P é no mínimo 1/2

d) P é no máximo 1/2,25

e) P é no máximo 1/20

**Solução:** observemos que o enunciado pergunta por uma proporção que estará **fora** de um determinado intervalo. Daí, sabemos imediatamente que se tratará de uma **proporção máxima**.

Aqui não tem segredo: basta aplicar os passos aprendidos acima. Teremos:

**1º Passo -** Calculamos o valor **D**, que é a diferença entre qualquer dos limites do intervalo e a média do conjunto.

O desenho de nossa questão é o seguinte:

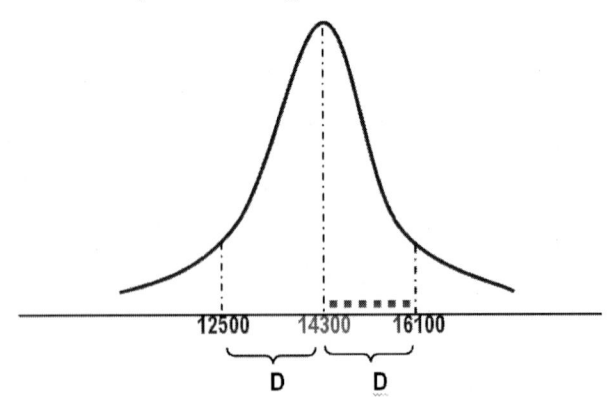

Daí, teremos que: **D=1.800**

**2º Passo** - Calcularemos o valor da fração **K**. Teremos:

$$\Rightarrow K = \frac{D}{S} \Rightarrow K = (1800/1200) = 1,5$$

**3º Passo** - Aplicação direta da **Fórmula de Tchebychev.**

$$P_{\text{MÁXIMA}} = \frac{1}{K^2}$$

Teremos, pois, que:

$$\Rightarrow P_{\text{MÁXIMA}} = \frac{1}{1,5^2} = \frac{1}{2,25} \Rightarrow \textbf{Resposta!}$$

### Fórmulas desenvolvidas do desvio padrão

Até esse momento, as fórmulas acima apresentadas – para o rol, dados tabulados e distribuição de freqüências – representam o que chamaremos de *fórmulas reduzidas do desvio padrão*.

Observemos novamente nossas fórmulas reduzidas:

- para o rol: $S = \sqrt{\dfrac{\sum (Xi - \overline{X})^2}{N}}$   ou   $S = \sqrt{\dfrac{\sum (Xi - \overline{X})^2}{N-1}}$

- para dados tabulados: $S = \sqrt{\dfrac{\sum (Xi - \overline{X})^2 . fi}{N}}$   ou   $S = \sqrt{\dfrac{\sum (Xi - \overline{X})^2 . fi}{N-1}}$

- para distribuições de freqüências: $S = \sqrt{\dfrac{\sum \left(PMi - \overline{X}\right)^2 . fi}{N}}$ ou

$$S = \sqrt{\dfrac{\sum \left(PMi - \overline{X}\right)^2 . fi}{N-1}}$$

O que facilmente observamos é que, no numerador de cada uma dessas fórmulas, está presente um *produto notável* daquele tipo $(a - b)^2$. Procedendo ao desenvolvimento algébrico deste produto notável, chegaremos, no final, a novas apresentações dessas fórmulas originais, as quais chamamos de *fórmulas desenvolvidas do desvio padrão*. São elas as seguintes:

### Fórmula desenvolvida do desvio padrão para o rol:

No caso de estarmos trabalhando com elementos de uma *população*:

$$S = \sqrt{\frac{1}{N}\left[\sum_{i=1}^{n} X_i^2 - \frac{\left(\sum_{i=1}^{n} X_i\right)^2}{N}\right]} \quad \text{ou} \quad S = \sqrt{\left(\frac{\sum_{i=1}^{n} X_i^2}{N}\right) - \left(\frac{\sum_{i=1}^{n} X_i}{N}\right)^2}$$

No caso de estarmos trabalhando com elementos de uma *amostra*:

$$S = \sqrt{\frac{1}{N-1}\left[\sum_{i=1}^{n} X_i^2 - \frac{\left(\sum_{i=1}^{n} X_i\right)^2}{N}\right]}$$

### Fórmula desenvolvida do desvio padrão para dados tabulados:

Se tivermos trabalhando com uma população, teremos:

$$S = \sqrt{\frac{1}{N}\left[\sum_{i=1}^{n} X_i^2 \cdot fi - \frac{\left(\sum_{i=1}^{n} X_i \cdot fi\right)^2}{N}\right]}$$

ou

$$S = \sqrt{\left(\frac{\sum_{i=1}^{n} X_i^2 \cdot fi}{N}\right) - \left(\frac{\sum_{i=1}^{n} X_i \cdot fi}{N}\right)^2}$$

No caso de estarmos trabalhando com elementos de uma *amostra*:

$$S = \sqrt{\frac{1}{N-1}\left[\sum_{i=1}^{n} X_i^2 \cdot fi - \frac{\left(\sum_{i=1}^{n} X_i \cdot fi\right)^2}{N}\right]}$$

**Fórmula desenvolvida do desvio padrão para distribuição de freqüência:**

Para elementos de uma *população*, teremos:

$$S = \sqrt{\frac{1}{N}\left[\sum_{i=1}^{n} PM_i^2 \cdot fi - \frac{\left(\sum_{i=1}^{n} PM_i \cdot fi\right)^2}{N}\right]}$$

ou

$$S = \sqrt{\left(\frac{\sum_{i=1}^{n} PM_i^2 \cdot fi}{N}\right) - \left(\frac{\sum_{i=1}^{n} PM_i \cdot fi}{N}\right)^2}$$

No caso de estarmos trabalhando com elementos de uma *amostra*:

$$S = \sqrt{\frac{1}{N-1}\left[\sum_{i=1}^{n} PM_i^2 \cdot fi - \frac{\left(\sum_{i=1}^{n} PM_i \cdot fi\right)^2}{N}\right]}$$

## Propriedades do desvio padrão

**1ª propriedade:** somando-se (ou subtraindo-se) uma constante (k) a todos os valores de uma variável, o desvio padrão do conjunto não será alterado, ou seja, permanecerá exatamente o mesmo.

**2ª propriedade:** multiplicando-se (ou dividindo-se) todos os valores de uma variável por uma constante (k), o desvio padrão do conjunto será multiplicado ou dividido por essa constante.

### *Propriedade visual do desvio padrão*

Resta-nos discorrer sobre outra propriedade do *desvio padrão*, que é de muito fácil compreensão e que já foi objeto de questão de prova do AFRF.

Trata-se de uma propriedade "visual", porque apenas olhando para os "desenhos" abaixo, já teremos como entendê-la. Vejamos:

1ª parte da propriedade *visual* do **S**:

Se estivermos trabalhando com uma *distribuição simétrica*, ou muito próxima da simetria, no intervalo compreendido sob a curva de freqüência, limitada pelos valores de $(\overline{X} - S)$ a $(\overline{X} + S)$ , haverá aí *aproximadamente* **68%** dos elementos do conjunto.

2ª parte da propriedade *visual* do **S**:

Se estivermos trabalhando com uma *distribuição simétrica*, ou muito próxima da simetria, no intervalo compreendido sob a curva de freqüência, limitada pelos valores de $\left(\overline{X} - 2S\right)$ a $\left(\overline{X} + 2S\right)$ ,haverá aí *aproximadamente* **95%** dos elementos do conjunto.

3ª parte da propriedade *visual* do **S**:

Se estivermos trabalhando com uma *distribuição simétrica*, ou muito próxima da simetria, no intervalo compreendido sob a curva de freqüência, limitada pelos valores de $\left(\overline{X} - 3S\right)$ a $\left(\overline{X} + 3S\right)$ ,haverá aí *aproximadamente* **99%** dos elementos do conjunto.

Como podemos ver, trata-se de uma propriedade cheia de limitações que, exatamente por isso, não será aplicada por nós em uma questão numérica. Destarte, restaria precisarmos dela diante de uma questão teórica. E é exatamente o que já ocorreu.

## O QUE TEMOS, EFETIVAMENTE, QUE TER EM MENTE ACERCA DESTA PROPRIEDADE?

**1º)** Só se aplica a *distribuições simétricas* ou "quase simétricas". Este "quase simétrica" já é um conceito subjetivo. Quando podemos dizer que a distribuição é quase simétrica?

**2º)** Trata-se de uma propriedade de *aproximação*, e não de *exatidão*. Se no enunciado da questão houver palavras como "exatamente", "precisamente" (ou análogas), já saberemos que é falsa.

*Obs.: o cálculo do desvio padrão pela variável transformada segue o mesmo exemplo e metodologia usada no caso da média aritmética vista no capítulo anterior.*

# VARIÂNCIA – (S²)

A *variância*, conforme se depreende pelo símbolo que a designa, representa nada mais que o quadrado do *desvio padrão*.

Destarte, assim como o *desvio padrão*, a *variância* será também uma medida de dispersão que toma como referência o valor da *média aritmética* do conjunto.

Sabendo que a *variância* é o quadrado do *desvio padrão*, concluímos que não haverá nenhuma dificuldade em memorizarmos as fórmulas desta medida.

### VARIÂNCIA PARA O ROL

O ponto de partida é a fórmula do *desvio padrão*:

$$S = \sqrt{\frac{\sum_{i=1}^{n}(X_i - \bar{X})^2}{N}}$$ ou, no caso da amostra: $$S = \sqrt{\frac{\sum_{i=1}^{n}(X_i - \bar{X})^2}{N-1}}$$

Daí, para chegarmos às fórmulas da *variância*, elevaremos as do *desvio padrão*, ou seja, extraindo o radical daquelas fórmulas, chegaremos também a *fórmulas desenvolvidas da variância*. Para o rol, teremos:

$$S^2 = \frac{1}{N}\left[\sum_{i=1}^{n} X_i^2 - \frac{\left(\sum_{i=1}^{n} X_i\right)^2}{N}\right] \text{, ou } S^2 = \left(\frac{\sum_{i=1}^{n} X_i^2}{N}\right) - \left(\frac{\sum_{i=1}^{n} X_i}{N}\right)^2$$

no caso da amostra: 
$$S^2 = \frac{1}{N-1}\left[\sum_{i=1}^{n} X_i^2 - \frac{\left(\sum_{i=1}^{n} X_i\right)^2}{N}\right]$$

Obs.: como podemos ver acima, também no caso da *variância* haverá o **fator de correção de Bessel** para todas as fórmulas, quando o enunciado da questão disser que o conjunto apresentado se trata de uma *amostra*.

### VARIÂNCIA PARA DADOS TABULADOS

O procedimento será o mesmo: tomaremos as fórmulas do desvio padrão e excluiremos o sinal da raiz quadrada. Teremos:

$$S^2 = \frac{\sum_{i=1}^{n}(X_i - \overline{X})^2 . fi}{N} \text{ ou, } S^2 = \frac{\sum_{i=1}^{n}(X_i - \overline{X})^2 . fi}{N-1} \text{ no caso da amostra:}$$

No caso das fórmulas desenvolvidas, teremos:

$$S^2 = \frac{1}{N}\left[\sum Xi^2.fi - \frac{\left(\sum Xi.fi\right)^2}{N}\right]$$

ou

$$S^2 = \left(\frac{\sum Xi^2.fi}{N}\right) - \left(\frac{\sum Xi.fi}{N}\right)^2$$

Caso estejamos trabalhando com elementos de uma amostra:

$$S^2 = \frac{1}{N-1}\left[\sum Xi^2.fi - \frac{\left(\sum Xi.fi\right)^2}{N}\right]$$

## Variância para uma distribuição de freqüências

Finalmente, procederemos de forma análoga para determinarmos as fórmulas da *variância* – **S²** – de uma *distribuição de freqüências*. Teremos, portanto:

$$S^2 = \frac{\sum \left(PMi - \overline{X}\right)^2 . fi}{N} \quad \text{ou,}$$

no caso de amostra: $S^2 = \dfrac{\sum \left(PMi - \overline{X}\right)^2 . fi}{N-1}$

Teremos, ainda, as seguintes fórmulas desenvolvidas:

$$S^2 = \frac{1}{N} \left[ \sum PMi^2 . fi - \frac{\left(\sum PMi.fi\right)^2}{N} \right] \quad \text{ou}$$

$$S^2 = \left( \frac{\sum PMi^2 . fi}{N} \right) - \left( \frac{\sum PMi.fi}{N} \right)^2$$

Ou, se estivermos trabalhando com elementos de uma amostra:

$$S^2 = \frac{1}{N-1} \left[ \sum PMi^2 . fi - \frac{\left(\sum PMi.fi\right)^2}{N} \right]$$

Já sabemos que as fórmulas – tanto do *desvio padrão* quanto da variância – obedecem àquela *regra de transição* que observamos nas fórmulas da *média aritmética*. Qual seja: das fórmulas do rol para as dos dados tabulados, multiplicamos o numerador por **fi**; dos dados tabulados para a distribuição de freqüências, trocamos **Xi** (elemento individualizado) pelo **PMi** (*ponto médio*).

Sabemos, também, que a *variância* é o quadrado do *desvio padrão*. Desse modo, não teremos que perder tempo tentando "decorar" as fórmulas da $S^2$. Basta excluir o sinal da raiz, presente nas fórmulas do *desvio padrão*.

Em suma: se soubermos as fórmulas do *desvio padrão*, *necessariamente*, também conheceremos as da *variância*.

Acontece que, nos últimos concursos, os elaboradores vêm exigindo algo além do mero conhecimento das fórmulas. Passamos a ter, portanto, questões mais "inteligentes", que também serão facilmente resolvidas caso conheçamos as propriedades da variância.

### Propriedades da variância

**1ª propriedade:** somando-se (ou subtraindo-se) uma constante (k) a todos os valores de uma variável, a variância do conjunto não será alterada, ou seja, permanecerá exatamente a mesma.

**2ª propriedade:** multiplicando-se (ou dividindo-se) todos os valores de uma variável por uma constante (k), a variância do conjunto será multiplicada ou dividida pelo quadrado da constante.

**Obs.: o cálculo da variância pela variável transformada segue o mesmo exemplo e metodologia usada no caso da média aritmética vista no capítulo anterior.**

## Coeficiente de variação de Pearson – (CVP)

A primeira consideração é que o **CVP** é uma *medida de dispersão relativa*. O que é isso? Um tipo de medida que se utiliza de uma relação entre o valor do *desvio padrão* e o valor de uma *medida de tendência central*.

Existem, portanto, diferentes tipos de *coeficiente de variação*. Interessar-nos-á apenas um: o CV de Pearson. Este consiste no quociente entre o valor do *desvio padrão* e o valor da *média aritmética* do conjunto. Ou seja:

$$CVP = \frac{S}{\overline{X}}$$

Por isso chama-se *dispersão relativa*: é o valor do *desvio padrão em relação a algo*. E esse *algo* é a média.

Portanto, se conhecermos, para um determinado conjunto, o valor do *desvio padrão* e o valor da *média aritmética*, então, já poderemos calcular imediatamente o *coeficiente de variação*.

**Obs.:** o *coeficiente de variação de Pearson* tem uma relação direta com a característica de *homogeneidade* de um conjunto. Se estivermos realizando uma comparação entre duas distribuições distintas, interpretaremos os valores do CVP da forma seguinte: aquele que apresentar menor *coeficiente de variação* será o conjunto mais *homogêneo*.

Outra observação importante: o CVP é uma medida *adimensional*, ou seja, não tem unidade.

**Importante:**

O conceito de **dispersão relativa** está associado ao *coeficiente de variação de um conjunto*. Por outro lado, o conceito de **dispersão absoluta** refere-se ao seu *desvio padrão*. São comuns questões de concurso que fornecem dois conjuntos distintos e pedem a comparação entre suas **dispersões absolutas e relativas**, de forma que será preciso determinarmos, para ambos os conjuntos, respectivamente, o *desvio padrão* e o *coeficiente de variação*.

# Variância relativa – (VR)

Esta medida de dispersão será determinada, simplesmente, pelo cálculo seguinte:

$$VR = \frac{S^2}{\overline{X}^2} = \left(CVP\right)^2$$

Ou seja, a *variância relativa* será o quadrado do *coeficiente de variação*.

Da mesma forma que o *coeficiente de variação*, a *variância relativa* é uma medida adimensional.

### Resumo das Propriedades da Soma, Subtração, Produto e Divisão:

| Se tomarmos todos os elementos de um conjunto e os... | ...somarmos a uma constante | ...subtrairmos de uma constante | ...multiplicarmos por uma constante | ...dividirmos por uma constante |
|---|---|---|---|---|
| As medidas: Média, Mediana, Moda, Decis, Quartis e Percentis estarão: | também somadas a esta constante | também subtraídas desta constante | também multiplicadas por esta constante | também divididas por esta constante |
| As Médias Geométrica e Harmônica estarão: | alteradas | alteradas | também multiplicadas por esta constante | também divididas por esta constante |
| O Desvio Padrão e o DMA estarão: | inalterados | inalterados | multiplicados pelo módulo desta constante | divididos pelo módulo desta constante |
| A nova Variância estará: | inalterada | inalterada | multiplicada pelo quadrado desta constante | dividida pelo quadrado desta constante |
| O Coeficiente de Variação e a Variância Relativa estarão: | alteradas | alteradas | inalteradas | inalteradas |

## MOMENTOS ESTATÍSTICOS

Mesmo não constando dos programas passados de nosso curso, precisaremos conhecer bem certos momentos estatísticos para que o nosso estudo de medidas de assimetria e medidas de curtose seja bem feito.

### TIPOS DE MOMENTOS

Teremos três tipos de *momentos*:

- *momento natural;*

- *momento centrado numa origem qualquer;*

- *momento centrado na média aritmética.*

Para cada um destes tipos de *momento*, aprenderemos como fazer o cálculo para o rol, para os dados tabulados e para a distribuição de freqüências.

### MOMENTO NATURAL DE ORDEM **R**

#### 1. MOMENTO NATURAL PARA O ROL

Será determinado pela seguinte fórmula:

$$m_r = \frac{\sum (Xi)^r}{N}$$

## 2. Momento natural para dados tabulados

Veremos aqui as fórmulas dos *momentos* seguem as mesmas *regras de transição* das fórmulas da *média aritmética*. Portanto, neste caso, para os *dados tabulados*, repetiremos a fórmula do rol e multiplicaremos o numerador por **fi**. Teremos:

$$m_r = \frac{\sum (Xi)^r . fi}{N}$$

## 3. Momento natural para distribuição de freqüências

Prosseguindo aquela mesma seqüência de transições, chegaremos à fórmula para a *distribuição de freqüências*, se repetirmos a fórmula dos dados tabulados e, em lugar do **Xi** (elemento individualizado), colocarmos o **PMi** (*ponto médio*) da classe. Teremos, pois, o seguinte:

$$m_r = \frac{\sum (PMi)^r . fi}{N}$$

### Momento centrado numa origem qualquer

### Para o rol

Aqui, neste segundo tipo de *momento*, em lugar de usarmos no numerador apenas o valor do elemento **Xi**, usaremos um desvio – uma diferença – entre o elemento **Xi** e um elemento qualquer **Yi**. Por isso tem esse nome: *centrado numa origem qualquer*.

Será calculado da seguinte maneira:

$$m_r = \frac{\sum (Xi - Y)^r}{N}$$

### Para dados tabulados

Obedecendo às regras de transição das fórmulas da *média*, usaremos aqui a seguinte fórmula:

$$m_r = \frac{\sum (Xi - Y).^r fi}{N}$$

### Para a distribuição de freqüências

Teremos:

$$m_r = \frac{\sum (PMi - Y).^r fi}{N}$$

#### MOMENTO CENTRADO NA MÉDIA ARITMÉTICA

Esse sim, é o principal. É este que precisamos conhecer, e bem. Será exatamente este tipo de *momento* que encontraremos nas nossas fórmulas de *assimetria* e *curtose*.

Aqui, nossas fórmulas serão as mesmas do *momento centrado numa origem qualquer*, com uma diferença: em lugar da "origem qualquer (Y)", colocaremos a *média aritmética* do conjunto, ou seja, a média $\overline{X}$ será o valor de referência da fórmula.

### Para o rol

Usaremos o seguinte:

$$m_r = \frac{\sum (Xi - \overline{X})^r}{N}$$

## Para dados tabulados

Teremos:

$$m_r = \frac{\sum \left(Xi - \bar{X}\right)^r . fi}{N}$$

## Para distribuição de freqüências

$$m_r = \frac{\sum \left(PMi - \bar{X}\right)^r . fi}{N}$$

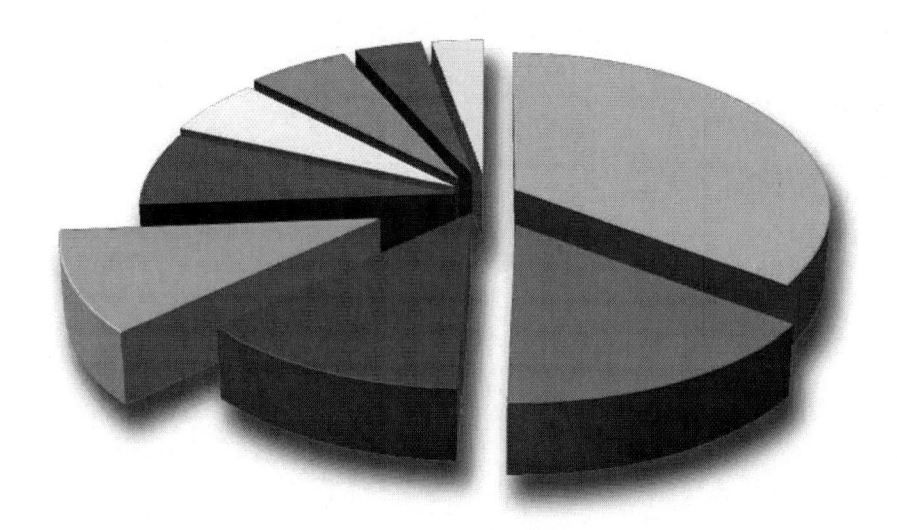

# Medidas de assimetria
# (formato da curva)

Avançaremos agora na matéria e aprenderemos a calcular os índices de *assimetria* de um conjunto.

A respeito deste assunto, já tivemos uma noção inicial, uma vez que aprendemos que há uma relação estreita entre o comportamento da curva, no tocante à sua assimetria, e as *medidas de tendência central*.

Naquela ocasião, vimos que existem três situações distintas sob as quais um conjunto pode se apresentar, em termos de assimetria. E, ainda, qual seria o comportamento da *média, moda e mediana* para cada uma daquelas situações.

Recordando um pouco:

**Distribuição assimétrica à direita (ou de assimetria positiva): moda < mediana < média**

**Distribuição assimétrica à esquerda (ou de assimetria negativa): média < mediana < moda**

**Distribuição simétrica: média = mediana = moda**

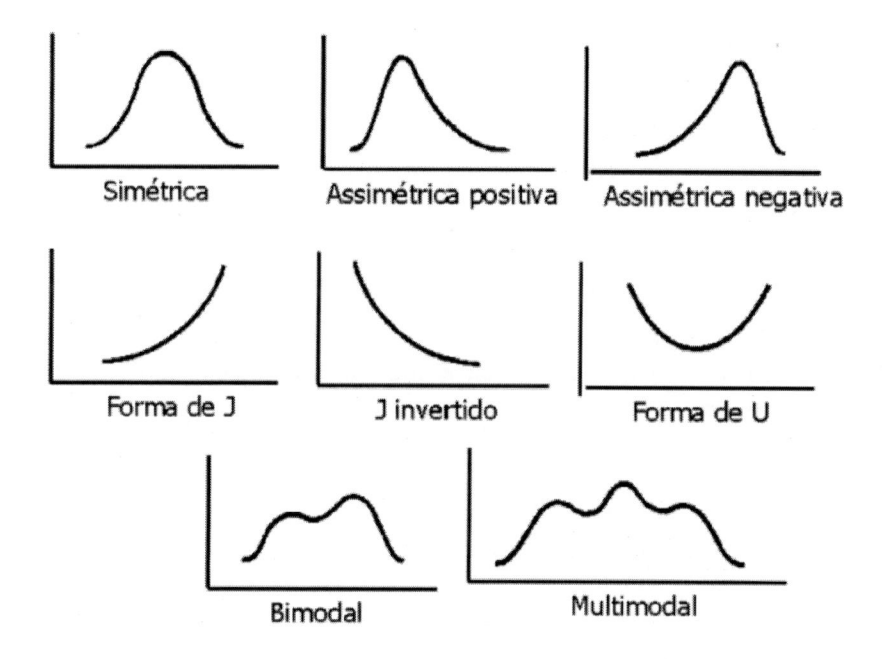

Somente este conhecimento já seria suficiente para acertarmos uma questão que quisesse saber apenas se o conjunto é simétrico, ou assimétrico à esquerda ou à direita.

Porém se o enunciado vier solicitando o valor do *índice* (ou *coeficiente*) de assimetria, então precisaríamos conhecer as fórmulas necessárias para chegarmos a essa resposta.

Existem quatro formas distintas de determinarmos índices de *assimetria*.

Na questão, nossa primeira preocupação será saber qual dos métodos está sendo requerido. E a segunda, naturalmente, será conhecer a fórmula solicitada.

## ÍNDICE QUARTÍLICO DE ASSIMETRIA

Será calculado pela fórmula seguinte:

$$IQA = \frac{(Q_3 + Q_1 - 2.Q_2)}{(Q_3 - Q_1)}$$

Em que:

- $Q_1$ é o primeiro quartil;

- $Q_2$ é o segundo quartil;

- $Q_3$ é o terceiro quartil.

**Obs.:** podemos escrever esta fórmula usando a Md (mediana), por esta ser igual ao $Q_2$ (segundo quartil). A fórmula fica assim:

$$IQA = \frac{(Q_3 + Q_1 - 2.M_d)}{(Q_3 - Q_1)}$$

Acerca desta fórmula, convém sabermos que seus resultados estarão sempre no intervalo de **(-1)** a **(+1)**. De forma que, se o índice resultar positivo, isso indica uma *curva de assimetria positiva (curva assimétrica à direita)*. Se negativo, teremos uma *curva de assimetria negativa (curva assimétrica à esquerda)*.

No mais, já sabemos como calcular as *medidas separatrizes*, de modo que estamos mais que preparados para enfrentar uma questão da prova que exija a determinação da *assimetria* por esse método.

## Coeficientes de assimetria de Pearson

Veremos agora duas outras maneiras de calcular o índice de assimetria de um conjunto, as quais envolvem as *medidas de tendência central*.

### 1. Primeiro coeficiente de assimetria de Pearson

Será dado pela fórmula que segue:

$$CAP1 = \frac{\left(\overline{X} - M_o\right)}{S}$$

Em que:

- $\overline{X}$ é a *média aritmética*;

- $M_o$ é a *moda*;

- $S$ é o *desvio padrão* do conjunto.

Observando bem esta fórmula que define o *primeiro coeficiente de Pearson*, verificamos que o sinal de assimetria será definido pelo seu numerador. Desta maneira, apenas comparando os valores da *média aritmética* e da *moda*, saberemos qual o tipo de assimetria da distribuição.

Assim, de acordo com este coeficiente:

Se $\overline{X} = Mo$ ,temos assimetria nula, ou seja, *distribuição simétrica*;

Se $\overline{X} > Mo$ ,temos assimetria positiva, ou seja, *curva assimétrica à direita*;

Se $\overline{X} < Mo$ ,temos assimetria negativa, ou seja, *curva assimétrica à esquerda*.

## 2. Segundo coeficiente de assimetria de Pearson

Será dado pela fórmula que segue:

$$CAP2 = \frac{3.\left(\overline{X} - M_d\right)}{S}$$

Em que:

- $\overline{X}$ é a *média aritmética*;

- $M_d$ é a *mediana*;

- S é o *desvio padrão* do conjunto.

Aqui, para este *segundo coeficiente de Pearson*, observamos que o sinal de assimetria será definido apenas comparando os valores da *média aritmética* e da *mediana do conjunto*. Teremos, portanto:

Se $\overline{X} = Md$ ,temos assimetria nula, ou seja, *distribuição simétrica*;

Se $\overline{X} > Md$ ,temos assimetria positiva, ou seja, *curva assimétrica à direita*;

Se $\overline{X} < Md$ ,temos assimetria negativa, ou seja, *curva assimétrica à esquerda*.

Uma boa maneira de memorizarmos os *coeficientes de assimetria de Pearson* é justamente recordarmos da *relação empírica de Pearson*, que aprendemos no estudo das relações entre as *medidas de tendência central*.

### Relação empírica de Pearson:

$$\overline{X} - Mo = 3.\left(\overline{X} - Md\right)$$

Como podemos verificar, o numerador do *primeiro coeficiente de assimetria de Pearson* é igual à primeira parte da equação que define a relação empírica $\left(\overline{X} - Mo\right)$; enquanto que o *segundo coeficiente de assimetria de Pearson* traz, também em seu numerador, a segunda parte da equação acima: $[3.\left(\overline{X} - Md\right)]$.

### Índice-momento de assimetria

Este é o quarto e último método pelo qual aprenderemos a determinar o valor do grau de *assimetria* de um conjunto. Será dado pela fórmula:

$$IMA = \frac{m_3}{S^3}$$

Onde:

- $m_3$ é o *terceiro momento centrado na média aritmética;*

- $S^3$ é o *desvio padrão*, elevado à terceira potência.

Para efeitos mnemônicos, lembraremos deste cálculo como sendo a *fórmula do 3*, uma vez que é o único algarismo que nela aparece.

Trata-se de um índice cuja aplicação não é das mais rápidas. Vamos relembrar como se calculam os elementos deste índice.

No numerador temos $m_3$, que é dado por:

$$m_3 = \frac{\sum\left(PMi - \overline{X}\right)^3 .fi}{N}$$

E, no denominador, o *desvio padrão* ao cubo, que poderá ser encontrado da seguinte maneira:

$$S^3 = \left( \sqrt{\frac{\sum \left( PMi - \overline{X} \right)^2 . fi}{N}} \right)^3$$

Daí, teremos a fórmula completa do *índice-momento de assimetria*:

$$IMA = \frac{\dfrac{\sum \left( PMi - \overline{X} \right)^3 . fi}{N}}{\left( \sqrt{\dfrac{\sum \left( PMi - \overline{X} \right)^2 . fi}{N}} \right)^3}$$

Percebemos, portanto, que para encontrar o *índice-momento de assimetria* teríamos que trabalhar o numerador e o denominador da fórmula isoladamente, a fim de, em seguida, chegarmos ao resultado. Exatamente como se fossem duas questões em uma só.

## Medidas de curtose (grau de achatamento)

Este é um assunto de fácil compreensão e muito freqüente em provas de Estatística dos concursos públicos.

O que significa analisar um conjunto quanto à curtose? Significa apenas verificar o "grau de achatamento da curva", ou seja, saber se a *curva de freqüência* que representa o conjunto é mais "afilada" ou mais "achatada", em relação a uma *curva normal*.

Teremos, portanto, no tocante às situações de curtose de um conjunto, as seguintes possibilidades:

**Distribuição ou Curva Leptocúrtica:** é a curva mais afilada;

**Distribuição ou Curva Platicúrtica:** é a curva mais achatada. Seu desenho lembra o de um prato emborcado. Então, "prato" lembra "plati" e "plati" lembra "platicúrtica".

**Distribuição ou Curva Mesocúrtica:** ou de curtose média. "Meso" lembra meio. Esta curva está no meio termo: nem muito achatada, nem muito afilada;

| Distribuição Leptocúrtica | Distribuição Platicúrtica | Distribuição Mesocúrtica |

Em páginas anteriores, vimos que existe uma relação estreita entre o valor das *medidas de tendência central (média, moda e mediana)* e o comportamento da *assimetria* de um conjunto.

Todavia, quando se trata de curtose, **não há** como extrairmos uma conclusão sobre qual será a situação da distribuição – se mesocúrtica, platicúrtica ou leptocúrtica – apenas conhecendo os valores da *média, moda e mediana.*

Outra observação relevante, e que já foi bastante explorada em questões teóricas de provas anteriores, é que não existe uma relação entre as situações de *assimetria* e as situações de *curtose* de um mesmo conjunto. Ou, seja, a *assimetria* e a *curtose* são medidas independentes e que não se influenciam mutuamente

Aprenderemos duas distintas maneiras de calcular o *índice de curtose* de um conjunto.

## Índice percentílico de curtose

Encontraremos este índice usando a seguinte fórmula:

$$IPC = \frac{(Q_3 - Q_1)}{2.(P_{90} - P_{10})}$$

Em que:

- $Q_3$ é o terceiro quartil;

- $Q_1$ é o primeiro quartil;

- $P_{90}$ é o nonagésimo percentil;

- $P_{10}$ é o décimo percentil.

Podemos, ainda, levando em consideração a relação que há entre as medidas separatrizes, dizer que o *índice percentílico de curtose* será dado por:

$$IPC = \frac{(Q_3 - Q_1)}{2.(D_9 - D_1)}$$

Em que:

- $Q_3$ é o terceiro quartil;

- $Q_1$ é o primeiro quartil;

- $D_9$ é o nono decil;

- $D_1$ é o primeiro decil.

Ou seja, trabalharemos aqui com duas *medidas separatrizes* – o *quartil* e o *decil*.

Conforme vimos no capítulo referente às *medidas de dispersão*, uma destas que estudamos foi a chamada *amplitude semi-interquartílica*, ou *desvio quartílico* ($D_q$), que é determinado por:

$$D_q = \frac{(Q_3 - Q_1)}{2}$$

Daí, uma outra forma de apresentar o *índice percentílico de curtose* é o seguinte:

$$IPC = \frac{D_q}{(D_9 - D_1)}$$

Em que:

- $D_q$ é o desvio *quartílico (ou amplitude semi-interquartílica)*;

- $D_9$ é o nono decil;

- $D_1$ é o primeiro decil.

### Interpretação do resultado do Índice percentílico de curtose

No caso deste *índice percentílico*, a leitura que faremos do resultado é a seguinte:

Se **IPC < 0,263** $\Rightarrow$ a distribuição é **LEPTOCÚRTICA**;

Se **IPC = 0,263** $\Rightarrow$ a distribuição é **MESOCÚRTICA**;

Se **IPC > 0,263** $\Rightarrow$ a distribuição é **PLATICÚRTICA**.

## ÍNDICE-MOMENTO DE CURTOSE

Será dado pela seguinte fórmula:

$$IMC = \frac{m_4}{S^4}$$

Em que:

- $m_4$ é o *momento de 4ª ordem centrado na média aritmética*;

- $S^4$ é o *desvio padrão* do conjunto, elevado à quarta potência.

Como podemos observar, esta fórmula nos lembra muito a fórmula do índice-momento de assimetria, sendo que trocaremos o 3 (três) pelo 4. Para lembrar as diferenças, basta recordarmos que vimos primeiro a fórmula do índice-momento de assimetria e que depois de três temos quatro. Ao detalharmos $m_4$ e $S^4$, temos:

$$m_4 = \frac{\sum (PMi - \bar{X})^4 . fi}{N} \quad \text{e} \quad S^4 = \left[ \frac{\sum (PMi - \bar{X})^2 . fi}{N} \right]^2$$

Como vimos acima, a *quarta potência do desvio padrão* é a mesmíssima coisa que o *quadrado da variância*.

Então, nossa fórmula completa do *índice-momento de curtose* seria a seguinte:

$$IMC = \frac{\dfrac{\sum \left(PMi - \overline{X}\right)^4 . fi}{N}}{\left[\dfrac{\sum \left(PMi - \overline{X}\right)^2 . fi}{N}\right]^2}$$

### Interpretação do resultado do índice-momento de curtose

No caso deste *índice-momento*, a leitura que faremos do resultado é a seguinte:

Se **IMC > 3** $\Rightarrow$ a distribuição é **LEPTOCÚRTICA**;

Se **IMC = 3** $\Rightarrow$ a distribuição é **MESOCÚRTICA**;

Se **IMC < 3** $\Rightarrow$ a distribuição é **PLATICÚRTICA**.

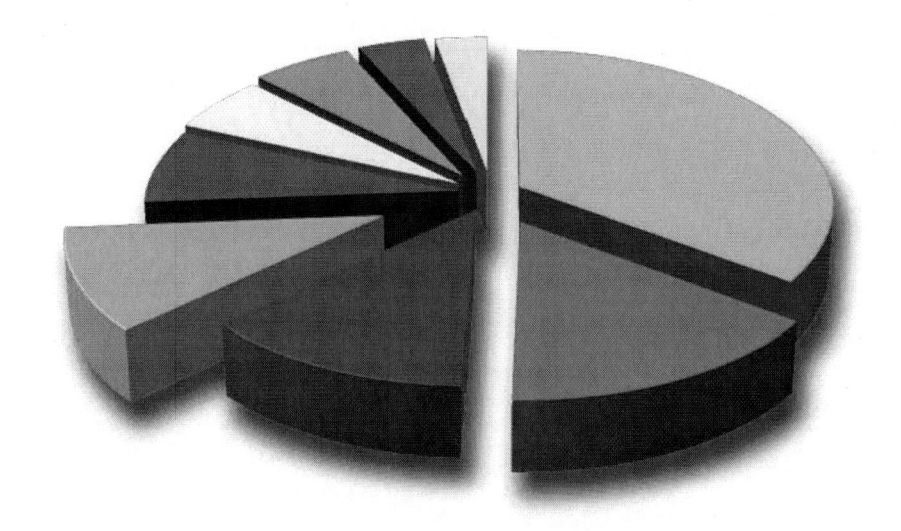

# CORRELAÇÃO

A correlação mede a distância e a intensidade de uma *relação linear*[1] entre duas *variáveis quantitativas*[2]. A correlação costuma ser representada por **r**.

Suponha que disponhamos de dados sobre as variáveis **x** e **y** para **N** indivíduos. As médias e os desvios padrão das duas variáveis são $\overline{X}$ e $S_x$ para os valores de **x** e $\overline{Y}$ e $S_y$ para os valores de **y**. A correlação **r** entre **x** e **y** é dada por: $r = \dfrac{1}{N-1} \sum \left( \dfrac{Xi - \overline{X}}{Sx} \right) \left( \dfrac{Yi - \overline{Y}}{Sy} \right)$ . Como sempre, o símbolo $\sum$ significa "somar todos esses termos para todos os indivíduos". A fórmula da correlação

**r** é um tanto complexa. Serve para vermos o que é a correlação, mas não é conveniente para calcularmos **r**, efetivamente. Na prática, devemos usar uma calculadora ou um programa que calcule **r** diretamente para valores digitados de duas variáveis **x** e **y**. Mas como na prova não podemos usar calculadora e o tempo é curto, pois faremos, em uma tarde de domingo, provas de Matemática Financeira, Informática, Língua Portuguesa e Língua Estrangeira, sem deixar de fora nossa querida Estatística, resolvi apresentar uma maneira mais humana de calcularmos a correlação em nossa prova. Usaremos a seguinte fórmula reduzida:

$$r = \frac{Sxy}{Sx.Sy} \text{ , em que: } Sxy = \overline{XY} - (\overline{X}).(\overline{Y}) \text{ e } (Sx)^2 = \overline{X^2} - (\overline{X})^2 \text{ e}$$

$$(Sy)^2 = \overline{Y^2} - (\overline{Y})^2 \text{ e } \overline{XY} = \frac{\sum Xi.Yi}{N} \text{ ; } (\overline{X}) = \frac{\sum Xi}{N} \text{ ; } (\overline{Y}) = \frac{\sum Yi}{N} \text{ ;}$$

$$\overline{X^2} = \frac{\sum Xi^2}{N} \text{ ; } \overline{Y^2} = \frac{\sum Yi^2}{N}$$

## PROPRIEDADES DA CORRELAÇÃO

A fórmula da correlação nos ajuda a ver que **r** é positiva quando há associação positiva entre as variáveis. A altura e o peso, por exemplo, apresentam associação positiva. As pessoas que têm altura acima da média tendem, também, a superar a média do peso. Tanto a altura padronizada como o peso padronizado para uma tal pessoa são positivos. As pessoas que têm altura abaixo da média tendem, também, a ter peso abaixo da média. Então, tanto a altura padronizada como o peso padronizado são negativos. Em ambos os casos, os produtos na fórmula de **r** são, na maior parte, positivos; **r** é, pois, positivo. Da mesma forma, vê-se que **r** é negativo quando a associação entre x e **y** é negativa. Um estudo mais minucioso da fórmula mostra propriedades mais detalhadas de **r**. Eis o que é preciso saber para interpretarmos a correlação:

→ A correlação não faz qualquer distinção entre *variáveis explanatórias*[3] e *variáveis-resposta*[4]. Não faz diferença qual variável chamamos **x** e qual chamamos **y** no cálculo da correlação.

→ A correlação exige que ambas as variáveis sejam quantitativas e, assim, tem sentido fazermos os cálculos aritméticos indicados pela fórmula de **r**. Não podemos calcular a correlação entre as rendas de um grupo de pessoas e a cidade em que moram, porque *cidade* é uma *variável categórica*[5].

→ Como **r** utiliza valores padronizados das observações, **r** não se altera quando mudamos as unidades de medida de **x**, de **y** ou de ambos. Medir a altura em polegadas, em vez de medi-la em centímetros, e o peso em libras, em vez de quilogramas, não muda a correlação entre altura e peso. Em si mesma, a correlação **r** não tem unidade de medida – é apenas um número.

→ **r** positivo indica associação positiva entre as variáveis, e **r** negativo indica associação negativa.

→ A correlação **r** é sempre um número entre -1 e 1. Valores de **r** muito próximos de zero indicam relacionamento linear muito fraco. A intensidade do relacionamento aumenta na medida em que **r** se afasta de zero em direção a -1 ou 1. Valores de **r** próximos de -1 ou 1 indicam que os pontos situam-se próximos de uma linha reta. Os valores extremos, $r = -1$ e $r = 1$ ocorrem somente quando os pontos do diagrama de dispersão estão situados exatamente sobre uma linha reta.

→ A correlação mede apenas a intensidade da relação linear entre duas variáveis. Não descreve relações curvilíneas entre variáveis, por mais intensas que sejam.

→ Tal como a média e o *desvio padrão*, a correlação não é resistente: *r* é fortemente afetada por apenas algumas observações afastadas *(outliers)*[6]. Utilize **r** com cautela quando aparecerem *outliers* no diagrama de dispersão.

→ Lembremos, finalmente, que a correlação não é uma descrição completa de dados de duas variáveis, mesmo quando a relação entre as variáveis é linear.

## INTERPRETAÇÃO DO COEFICIENTE DE CORRELAÇÃO

O valor de **r** está sempre entre - 1 e + 1, com **r = 0** correspondendo à não-associação.

Valores de r $\begin{Bmatrix} negativos \\ positivos \end{Bmatrix}$ indicam uma associação $\begin{Bmatrix} negativa \\ positiva \end{Bmatrix}$

Usamos o termo "correlação positiva" quando $r > 0$ e, nesse caso, à medida que **x** cresce, também cresce **y**, e "correlação negativa" quando $r < 0$ e, nesse caso, à medida que **x** cresce, **y** decresce (em média).

Quanto maior o valor de **r** (positivo ou negativo), mais forte a associação. No extremo, se $r = 1$ ou $r = -1$, então, todos os pontos no gráfico de dispersão caem exatamente numa linha reta. No outro extremo, se $r = 0$ não existe nenhuma associação *linear*.

| Valor de r (-1 a +1) | Interpretação |
|---|---|
| 0,00 a 0,19 | Uma correlação bem fraca |
| 0,20 a 0,39 | Uma correlação fraca |
| 0,40 a 0,69 | Uma correlação moderada |
| 0,70 a 0,89 | Uma correlação forte |
| 0,90 a 1,00 | Uma correlação muito forte |

1: os pontos dispõem-se aproximadamente segundo uma linha reta.

2: são aquelas que apresentam um número associado ao indivíduo pesquisado (discretas-contadas e contínuas-medidas).

3: explica as variáveis-resposta ou causa modificações nelas.

4: mede um resultado de um estudo.

5: situa um indivíduo em um dentre vários grupos ou categorias.

6: um valor individual que se situa fora do padrão global da relação.

## Exercícios:

1) Uma estudante conjectura se pessoas de altura semelhante tendem a sair juntas. Ela mede sua altura, a altura de sua companheira de quarto e das mulheres de quartos vizinhos; mede, em seguida, a altura do próximo homem com quem cada mulher sai. Eis os dados (alturas em polegadas):

| Mulher | 66 | 64 | 66 | 65 | 70 | 65 |
|--------|----|----|----|----|----|----|
| Homem  | 72 | 68 | 70 | 68 | 71 | 65 |

a) Faça um diagrama de dispersão desses dados. Com base nele, você acha que a correlação é positiva ou negativa? Próxima de +1 ou -1?

b) Ache a correlação **r** entre as alturas dos homens e das mulheres.

2) Eis os resultados de 11 membros de um time feminino de golfe em duas rodadas de um torneio entre faculdades:

| Jogador  | 1  | 2  | 3  | 4  | 5  | 6  | 7   | 8  | 9  | 10 | 11 |
|----------|----|----|----|----|----|----|-----|----|----|----|----|
| Rodada 1 | 89 | 90 | 87 | 95 | 86 | 81 | 105 | 83 | 88 | 91 | 79 |
| Rodada 2 | 94 | 85 | 89 | 89 | 81 | 76 | 89  | 87 | 91 | 88 | 80 |

a) Ache a correlação entre os escores da rodada 1 e da rodada 2.

(AFTN-96) Considere a seguinte tabela, que apresenta valores referentes às variáveis x e y, porventura relacionadas:

Valores das variáveis **x** e **y** relacionadas

| X | y | x² | y² | xy |
|---|---|----|----|-----|
| 1 | 5 | 1 | 25 | 5 |
| 2 | 7 | 4 | 49 | 14 |
| 3 | 12 | 9 | 144 | 36 |
| 4 | 13 | 16 | 169 | 52 |
| 5 | 18 | 25 | 324 | 90 |
| 6 | 20 | 36 | 400 | 120 |
| 21 | 75 | 91 | 1.111 | 317 |

Marque a opção que representa o coeficiente de correlação linear entre as variáveis **x** e **y**.

a) 0,903

b) 0,926

c) 0,947

d) 0,962

e) 0,989

**Solução:** veja que a tabela apresentada pela prova já foi exatamente aquela que *facilita* a nossa vida! Vamos calcular, pedaço por pedaço, o valor do **r**, lembrando que: $r_{X,Y} = \dfrac{Cov(X,Y)}{S_X . S_Y}$

Teremos:

→ Calculando a covariância: $Cov(x,y) = \overline{X.Y} - \overline{X}.\overline{Y}$ .

$$\overline{X.Y} = \frac{\sum Xi.Yi}{n} = \frac{317}{6} = 52,83 \; ; \; \overline{X} = \frac{\sum Xi}{n} = \frac{21}{6} = 3,5 \; ; \; e \; \overline{Y} = \frac{\sum Yi}{n} = \frac{75}{6} = 12,5$$

Logo: Cov(x, y) = 52,83 - (3, 5).(12, 5) → Cov(x, y)=9,08

→ Calculando as variâncias de **X** e de **Y**:

$$\rightarrow S^2{}_X = \overline{X^2} - \left(\overline{X}\right)^2 \rightarrow S^2{}_X = \left(\frac{91}{6}\right) - (3,5)^2 = 15,16 - 12,25 = 2,91 \text{ e}$$

$$\rightarrow S^2{}_Y = \overline{Y^2} - \left(\overline{Y}\right)^2 \rightarrow S^2{}_Y = \left(\frac{1111}{6}\right) - (12,5)^2 = 185,16 - 156,25 = 28,91$$

→ Calculando os desviospadrão de **X** e de **Y**:

$$\rightarrow S_X = \sqrt{S^2{}_X} \Rightarrow SX = \sqrt{2,91} \text{ e}$$

$$\rightarrow S_Y = \sqrt{S^2{}_Y} \Rightarrow SX = \sqrt{28,91}$$

→ Calculando a correlação:

$$r_{X,Y} = \frac{Cov(X,Y)}{S_X.S_Y} \Rightarrow r_{X,Y} = \frac{9,08}{\sqrt{2,91}.\sqrt{28,91}} = \frac{9,08}{\sqrt{84,128}} = \frac{9,08}{9,172} = 0,989$$

→ (Resposta).

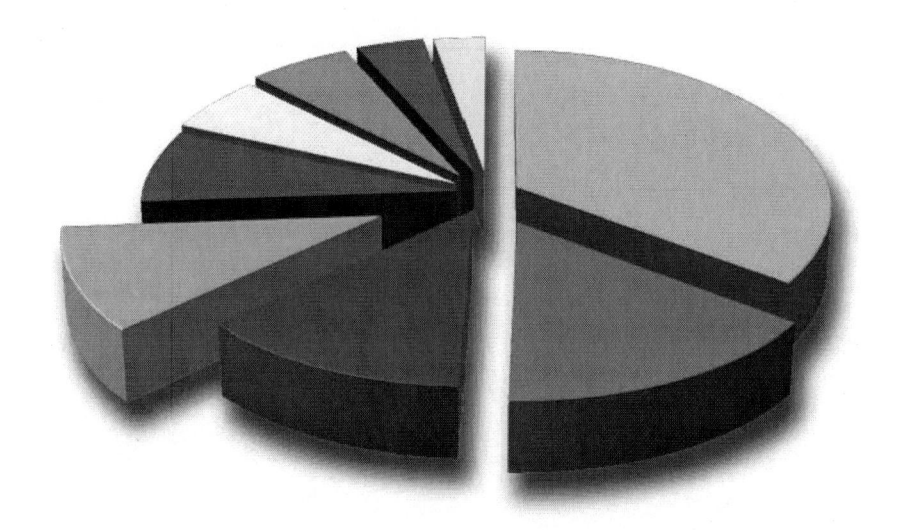

# NÚMEROS-ÍNDICES

Este assunto é diferenciado de tudo o que vimos até aqui. Deixaremos de trabalhar com elementos de um conjunto dispostos em rol, dados tabulados ou distribuição de freqüências.

Trabalharemos, sim, com dados relativos a **preços** e **quantidades**, normalmente apresentados em uma tabela, e referentes a bens ou produtos, em diferentes épocas.

A princípio, saibamos que existem números-índices **simples** e **compostos**. O número-índice simples analisa variações de preço e quantidade, ao longo do tempo, para um único produto; enquanto isso, o número-índice composto o faz em relação a um grupo de bens.

Antes de mais nada, convém sabermos que quando tratamos de preços e quantidades de um bem qualquer, estaremos sempre relacionando estes preços ou quantidades a duas épocas distintas. Normalmente, essas épocas são anos. Por exemplo, compararemos o preço do produto A no ano de 1990 e no ano de 1995. Ou então, compararemos a quantidade vendida do produto B no ano de 2002 e no ano de 2003. E assim por diante.

Convencionou-se, então, chamar estas duas épocas, estes dois anos, pela seguinte nomenclatura: **ano-base** (que é o ano de referência) e **ano-dado**. E mais: doravante, adotaremos que o **ano-base** será designado pelo símbolo **o**, enquanto que o **ano-dado** será designado pelo símbolo **t**.

Dessa forma, se falarmos em preços e quantidades de um determinado bem **X**, nos anos de 2000 e de 2002, tomando como referência (ano-base) o ano de 2000, teremos que:

- $p_o$ é o preço do bem no ano-base (2000);

- $p_t$ é o preço do bem no ano-dado (2002);

- $q_o$ é a quantidade do bem no ano-base (2000);

- $q_t$ é a quantidade do bem no ano-dado (2002).

## Número-índice relativo de preço

O primeiro número-índice simples que aprenderemos é o índice relativo de preço. É designado por $p_{o,t}$.

Definiremos o índice relativo de preço da seguinte maneira:

$$p_{o,t} = \frac{p_t}{p_o}$$

Em que, conforme já sabemos:

$p_o$ é o preço do bem no ano-base;

$p_t$ é o preço do bem no ano-dado.

Vamos a um exemplo. Suponhamos que nos foi fornecida a tabela abaixo, a qual expressa preços de determinados produtos em duas épocas distintas – anos de 2000 e de 2002 – considerando como referência o ano de 2000. Teremos:

| Produtos | Preço (em R$ 1,00) | |
|:---:|:---:|:---:|
| | 2000 ($p_o$) | 2002 ($p_t$) |
| A | 15 | 20 |
| B | 8 | 8 |
| C | 12 | 7 |

Agora, vejamos como calcular o índice relativo de preço de 2002, com base no ano 2000, para os produtos apresentados na tabela. Faremos o seguinte cálculo:

$$p_{2000,2002} = \frac{p_{2002}}{p_{2000}}$$

Daí, teríamos que:

Para o produto A → $p_{2000, 2002}$ = (20/15) = 1,3333 = 133,33%;

Para o produto B → $p_{2000, 2002}$ = (8/8) = 1,00 = 100,0%;

Para o produto C → $p_{2000, 2002}$ = (7/12) = 0,583 = 58,3%.

Feito isso, passamos à elaboração de uma nova tabela, agora utilizando os resultados encontrados nos índices relativos de preços.

Teremos:

| Produtos | Índices Relativos de Preço (%) | |
|---|---|---|
| | **2000($p_o$)** | **2002($p_{o,t}$)** |
| A | 100 | 133,3 |
| B | 100 | 100,0 |
| C | 100 | 58,3 |

Observemos que os índices relativos dos produtos no ano-base serão sempre iguais a 100. Caso contrário, não poderíamos tomar estes valores como *base ou referência*. Confiramos novamente:

| Produtos | Índices Relativos de Preço (%) | |
|---|---|---|
| | **2000($p_o$)** | **2002($p_{o,t}$)** |
| A | **100** | 133,3 |
| B | **100** | 100,0 |
| C | **100** | 58,3 |

Agora vamos *interpretar* estes resultados. Os cálculos dos índices relativos de preços nos informam que:

Analisando o produto A, veremos o seguinte:

| Produtos | Índices Relativos de Preço (%) | |
|---|---|---|
| | **2000($p_o$)** | **2002($p_{o,t}$)** |
| A | **100** | **133,3** |

O preço do bem A elevou-se **33,3%** no ano de 2002, tomando por base o ano de 2000. **Basta fazer a subtração dos índices de preço.** Vejamos: 133,3 - 100,0 = 33,3.

Para o produto B, teremos:

| Produtos | Índices Relativos de Preço (%) | |
|---|---|---|
| | **2000($p_o$)** | **2002($p_{o,t}$)** |
| B | **100** | **100,0** |

→ O preço do produto B não sofreu qualquer variação no ano de 2002, tomando como referência o seu preço em 2000. Novamente, basta subtrair: 100 - 100 = 0.

Para o produto C, finalmente, teremos:

| Produtos | Índices Relativos de Preço (%) | |
|---|---|---|
| | **2000($p_o$)** | **2002($p_{o,t}$)** |
| C | **100** | **58,3** |

Aqui, entenderemos que, no ano de 2002, houve uma redução no preço do bem C em relação ao preço do mesmo bem no ano de 2000. E de quanto foi essa redução? Ora, é só subtrair 58,3 - 100 = -41,7. O sinal negativo no resultado da subtração nos indica que houve uma *redução* no preço do produto no ano-dado em relação ao ano-base.

Observemos que estes três valores que encontramos, **33,3%, 0% e -41,7%**, correspondem ao que chamamos de *variação de preço*. Daí, podemos, ainda, afirmar que:

**Variação de preço = $p_{o,t}$ - 100**

Chegamos, também, ao seguinte:

**$p_{o,t}$ = 100 + variação de preço**

### NÚMERO-ÍNDICE RELATIVO DE QUANTIDADE

O próximo número-índice simples que aprenderemos é o *índice relativo de quantidade*. Este é designado por $q_{o,t}$.

É praticamente a mesma coisa que o índice relativo de preços, com uma única diferença: em vez de tratarmos de preços, estaremos lidando com quantidades dos produtos.

Calcularemos o relativo de quantidade da seguinte forma:

$$q_{o,t} = \frac{q_t}{q_o}$$

Conforme já sabemos, $q_o$ é a quantidade do bem no ano-base; e $q_t$ quantidade do produto no ano-dado.

Suponhamos um exemplo, em que uma determinada loja conseguiu vender 300 aparelhos de DVD em 2002, enquanto vendeu apenas 120 no ano de 2000. Qual seria o *índice relativo de quantidade* em 2002, com base no ano de 2000?

Teremos que:

$$q_{2000,2002} = \frac{q_{2002}}{q_{2000}}$$

Daí: $q_{2000,\,2002} = (300/120) = 2,5 = 250\%$

Se fôssemos colocar esse resultado em uma tabela, teríamos o seguinte:

| Produto | Índices Relativos de Preço (%) | |
|---------|---------------------------------|---------------------------------|
| | $2000(q_o)$ | $2002(q_{o,t})$ |
| DVD | **100** | **250,00** |

Concluímos, portanto, que houve uma *variação de quantidade* de **150%**. Ou seja, fazendo a diferença entre o índice relativo de quantidade que calculamos e 100% (que é o índice do ano-base), chegamos à variação de quantidade. Ou seja: 250% - 100% = 150%.

Em outras palavras: em termos de quantidade, foram vendidos nesta loja 150% aparelhos de DVD a *mais* em 2002, em relação à quantidade vendida no ano de 2000.

### NÚMERO-ÍNDICE RELATIVO DE VALOR

De antemão, precisamos saber que o conceito de valor é um produto. Teremos que: **valor = (preço x quantidade)**. E isso é bem intuitivo. Se eu comprar duas canetas, ao preço de R$ 10,00 cada, qual o valor que estarei pagando? É só multiplicar.

Pois bem. O índice relativo de valor será dado por:

$$V_{o,t} = \frac{V_t}{V_o}$$

E, como dissemos acima, **valor = (quantidade x preço)**. Daí:

$$v_o = p_o \cdot q_o \quad e \quad v_t = p_t \cdot q_t$$

Daí, podemos concluir que:

$$V_{o,t} = \frac{V_t}{V_o} = \frac{p_t \times q_t}{p_o \times q_o} = \frac{p_t}{p_o} \times \frac{q_t}{q_o} = p_{o,t} \times q_{o,t}$$

Ou seja, o índice relativo de valor pode ser decomposto em um relativo de preço e um relativo de quantidade.

Façamos um exemplo. Suponhamos que uma loja vendeu, no ano de 2000, uma quantia de 520 fogões, ao preço de R$ 350,00 cada. Em 2002, essa mesma loja conseguiu vender apenas 400 fogões, ao preço de R$ 600,00 cada. Qual seria o *índice relativo de valor*, tomando por base o ano de 2000? Se quisermos, podemos colocar os dados deste enunciado numa tabela, de forma que teremos o seguinte:

| Produtos | Índices Relativos de Preço (%) | | Quantidades (unidades) | |
|---|---|---|---|---|
| | $2000(p_o)$ | $2002(p_t)$ | $2000(q_o)$ | $2000(q_t)$ |
| Fogão | 350,00 | 600,00 | 520,00 | 400,00 |

Daí, faríamos:

$$V_{2000,2002} = \frac{V_{2002}}{V_{2000}} = \frac{p_t . q_t}{p_o . q_o} = \frac{600 \times 400}{350 \times 520} = \frac{240.000}{182.000} = 1,3187 = 131,87\%$$

Traduzindo: no ano de 2002, o faturamento desta loja foi **31,87%** (= 131,87% - 100%) maior que em 2000.

# PROPRIEDADES:

Passemos a algumas propriedades desses números-índices já aprendidos.

## → PROPRIEDADE DA IDENTIDADE

Esta nos diz que, se o ano-base e o ano-dado se confundem, ou seja, se ano-base e ano-dado são um só, então o valor do índice é 100%. Já vimos isso antes, quando construímos a tabela dos relativos. Verificamos que os índices no ano-base são sempre iguais a 100%. Lembrados? Quando construímos a tabela dos relativos de preço, encontramos o seguinte:

| Produtos | Índices Relativos de Preço (%) | |
|---|---|---|
| | 2000($p_o$) | 2002($p_{o,t}$) |
| A | 100 | 133,3 |
| B | 100 | 100,0 |
| C | 100 | 58,3 |

E encontramos estes valores 100 nos preços relativos de 2000, simplesmente pelo seguinte:

$$p_{o,t} = \frac{p_o}{p_o} = 1 = 100\%$$

## PROPRIEDADE DA REVERSÃO DO TEMPO

Se trocarmos os anos **x** e **y**, no cálculo dos índices, encontraremos a seguinte relação:

$$I_{x,y} = \left( \frac{1}{I_{x,y}} \right)$$

Este "$I$" está substituindo o "**p**" (de preço), o "**q**" (de quantidade), ou o "**v**" (de valor).

Isso quer dizer que se tivermos, por exemplo:

$$\rightarrow p_{2000,\,2002} = 125\%$$

Podemos afirmar imediatamente que:

$$\rightarrow p_{2000,\,2002} = \left(\frac{1}{p_{2000,2002}}\right) = \left(\frac{1}{1,25}\right) = 80\%$$

A mesma coisa se aplica a índices relativos de quantidade e de valor.

## PROPRIEDADE CIRCULAR

Essa é boa e já caiu em prova recente do AFRF!!

Será entendida da seguinte forma:

$$I_{0,1}xI_{1,2}xI_{2,3}x...xI_{t-1,t} = I_{0,t.}$$

Novamente aqui, o "$I$" está em lugar de "**p**" (de preço), de "**q**" (de quantidade), ou de "**v**" (de valor).

Se houver na questão dados relativos a variações de índices (de preço, quantidade ou valor) de um bem em diversos anos consecutivos, poderemos trabalhar com o uso desta propriedade.

Vamos a uma questão do AFRF-2001:

**(AFRF-2001)** Um índice de preços com a propriedade circular, calculado anualmente, apresenta a seqüência de acréscimos $\delta_1 = 3\%, \delta_2 = 2\%$ e $\delta_3 = 2\%$, medidos relativamente ao ano anterior, a partir do ano $t_0$. Assinale a opção que corresponde ao aumento de preço do período $t_{0+2}$ em relação ao período $t_{0-1}$.

a) 7,00%     b) 6,08%          c) 7,16%          d) 9,00%          e) 6,11%

**Solução:** vamos anotar as *variações* apresentadas pelo enunciado.

Variações de preço: $\delta_1 = 3\%; \delta_2 = 2\%; \delta_3 = 2\%$

Sabemos que:

$$p_{o,t} = 100 + \text{variação de preço}$$

O segredo agora é ter atenção! O enunciado falou que os acréscimos são medidos em relação **ao ano anterior**, a partir do ano $t_0$. Logo, o ano anterior a $t_0$ é a ano $t_{0-1}$. Daí, a primeira variação (o primeiro $\delta$ ) será exatamente a do ano $t_0$ em relação ao ano $t_{0-1}$.

Teremos, portanto, os seguintes relativos de preço:

$\rightarrow pt_{0-1,\ t_0} = 100\% + 3\% = 103\%$

$\rightarrow pt_{0-1,\ t_{0+1}} = 100\% + 2\% = 102\%$

$\rightarrow pt_{0-1,\ t_{0+2}} = 100\% + 2\% = 102\%$

Daí, o relativo de preço em $t_{o+2}$, com relação a $t_{o-1}$, será o seguinte:

$pt_{0-1,}\ t_{0+2} = (1,03) \times (1,02) \times (1,02) = 1,0716 = \mathbf{107,16\%}$

Daí, restaria fazer: **variação de preço = $pt_{0-1,}\ t_{0+2}$ - 100%**

Daí: **variação de preço = 7,16%   Resposta!**

Outra forma de resolver esta questão, talvez até mais simples, consiste apenas em adotar o valor 100 para o primeiro preço (o preço em $\mathbf{t_{0-1}}$). Daí, faríamos as variações descritas no enunciado, até chegarmos ao preço do ano desejado, que é o $\mathbf{t_{0+2}}$. Vejamos:

→ $\mathbf{pt_{0-1}}$ = 100

A primeira variação será de 3%. Ora, 3% de 100 é 100 × 0,03 = 3. Daí, passaríamos a:

→ $\mathbf{pt_0}$ = 103

O próximo deita é 2%. Daí, calcularemos 2% de 103. Chegaremos a: 103 × 0,02 = 2,06. Somando este valor ao último preço, teremos: 103 + 2,06 = 105,06. Daí:

→ $\mathbf{pt_{0+1}}$ = 105,06

Finalmente, a última variação foi de 2%. Calculando 2% de 105,06, teremos: 105,06 × 0,02 = 2,1012. Daí, somando este valor ao último preço encontrado, chegaremos a:

→ $\mathbf{Pt_{0+2}}$ = 107,16

Pronto! Como a questão quer saber a variação do preço de $\mathbf{pt_{0+2}}$ em relação a $\mathbf{pt_{0-1}}$, só teremos agora que subtrair.

Daí, teremos: 107,16 - 100,00 = 7,16   E poderemos colocar o sinal de %, uma vez que a referência é 100. Teremos, finalmente: **7,16% → (Resposta)**

## Decomposição das Causas (Inversão ou Reversão dos Fatores)

O produto de um número-índice de preço pelo correspondente número-índice de quantidade deve ser igual ao índice de valor.

*Índice de valor = índice de preço x índice de quantidade*

## Elos de Relativo e Relativos em Cadeia

Consideramos uma seqüência de épocas **1, 2, 3, ..., t - 1, t** e uma série de relativos de preço $p_{1,2}, p_{2,3}, p_{3,4}, ..., p_{t-1,t}$ , em que o relativo de cada época foi calculado com base na época imediatamente anterior.

Cada uma dessas comparações entre épocas adjacentes constitui um *elo de relativo*. Por sua vez, o *relativo em cadeia* é o índice obtido por meio da multiplicação dos elos individuais, conforme estabelece o critério circular.

Teremos, então:

a) Elos do relativo: $p_{1,2}, p_{2,3}, p_{3,4}, ..., p_{t-1,t}$

b) Relativo em cadeia: $p_{1,t} = p_{1,2} x p_{2,3} x p_{3,4} x ... x p_{t-1,t}$

## Índice Aritmético Simples

Aqui inicia nosso estudo dos **números-índices compostos**. O índice aritmético simples é o primeiro deles. Designado por $IAS$ , representa, tão–somente, a média aritmética dos índices relativos.

Será calculado, portanto, da seguinte forma:

→ **Índice aritmético simples de preço:**

$$IASp = \frac{\sum p_{0,t}}{N} = \frac{p_{A0,t} + p_{B0,t} + p_{C0,t} + ...}{N}$$

em que o numerador é a soma dos relativos de preço dos produtos apresentados numa tabela, e **N** é o número de produtos. Vejamos um exemplo. Consideremos a tabela de índices relativos de preços extraída de páginas atrás e construída por nós logo abaixo:

| Produtos | Índices Relativos de Preço (%) | |
|---|---|---|
| | $2000(p_o)$ | $2002(p_{o,t})$ |
| A | 100 | 133,3 |
| B | 100 | 100 |
| C | 100 | 58,3 |

Teríamos que o índice aritmético simples de preço, neste caso, será igual a:

$$IASp = \frac{\sum p_{0,t}}{N} = \frac{133,3+100,0+58,3}{3} \rightarrow \text{Daí: } IASp = \mathbf{97,2} \rightarrow \textbf{(Resposta)}$$

Concluímos, por este cálculo, que houve uma redução de 2,8% (= 100 - 97,2) nos preços dos três produtos – observados conjuntamente – no ano de 2002, em relação ao ano de 2000.

### ÍNDICE ARITMÉTICO SIMPLES DE QUANTIDADE:

$$IASq = \frac{\sum q_{0,t}}{N} = \frac{q_{A0,t}+q_{B0,t}+q_{C0,t}+...}{N}$$

Aqui, a única diferença em relação ao índice anterior é que, em vez de trabalharmos com preços, estaremos trabalhando com quantidades.

Observemos que estes índices aritméticos são ditos "simples" justamente porque trabalham com um único elemento: ou preço ou quantidade.

O próximo número-índice será dito "ponderado", uma vez que levará em conta os dois elementos preço e quantidade de modo que a quantidade será o "fator de ponderação". Funcionará como uma espécie de "peso". Vejamos.

## Índice Aritmético Ponderado:

Designado por $IAp$ ,e calculado da seguinte forma:

$$IAp = \frac{\sum p_{0,t} \cdot q}{\sum q} = \frac{p_{A0,t} \cdot q_A + p_{B0,t} \cdot q_B + p_{C0,t} \cdot q_C + ...}{q_A + q_B + q_C + ...}$$

A dica é simples: basta pensar no cálculo da média aritmética para dados tabulados. Estamos todos lembrados? Recordemos que este cálculo seria dado por:

$$\overline{X} = \frac{\sum Xi.fi}{N}$$

Pois bem. Aqui, nos números índices, o $Xi$ daria lugar aos preços, enquanto que o $fi$ daria lugar às quantidades. Lembraremos ainda que o **N** da fórmula acima é dado por $\sum fi$. Vejamos um exemplo.

Consideremos a tabela abaixo, de preços e quantidades de uma série de produtos. Observemos que os preços já estão expressos como índices relativos de preços. Vejamos:

| Produto | Relativos de Preços 2002 ($p_t$) (em %) | Quantidades 2002 ($q_n$) (unid.) |
|---------|------------------------------------------|----------------------------------|
| A | 125 | 120 |
| B | 95 | 200 |
| C | 110 | 185 |

Daí, o índice aritmético ponderado neste caso seria dado por:

$$IAp = \frac{(125x120)+(95x200)+(110x185)}{(120+200+185)} = \frac{54350}{505} = 107,62$$

## ÍNDICE HARMÔNICO SIMPLES:

Será designado por *IHS* , e representa tão-somente a média harmônica dos índices relativos. No começo de nosso livro aprendemos a calcular a média harmônica. Pois é exatamente o que vamos fazer aqui novamente, só que agora usando preços e quantidades. Vejamos.

## ÍNDICE HARMÔNICO SIMPLES DE PREÇO:

Aqui, repetiremos a fórmula da média harmônica para o rol, substituindo *Xi* pelos índices relativos de preços. Apenas isso! Teremos:

$$IHS_p = \frac{N}{\sum \dfrac{1}{p_{o,t}}} = \frac{N}{\dfrac{1}{p_{Ao,t}} + \dfrac{1}{p_{Bo,t}} + \dfrac{1}{p_{Co,t}} + ...}$$

Vamos a um exemplo. Usando os dados da tabela abaixo transcrita, calculemos o índice harmônico simples de preço.

| Produto | Índices Relativos de Preço (%) | |
|:---:|:---:|:---:|
| | 2000($p_o$) | 2002($p_n$) |
| A | 100 | 133,3 |
| B | 100 | 100,0 |
| C | 100 | 58,3 |

$$IHS_p = \frac{3}{\dfrac{1}{133,3} + \dfrac{1}{100} + \dfrac{1}{58,3}} = 86,57$$

Daí: $IHS_p = 86,57$

Segundo este cálculo, houve uma redução de 13,43% (= 100 - 86,57) nos preços dos três produtos   observados conjuntamente   no ano de 2002, em relação ao ano de 2000.

### → Índice harmônico simples de quantidade:

Aqui, há única diferença em relação ao índice acima. É que agora trabalharemos com quantidades, em vez de preços. Teremos, portanto, que:

$$IHS_q = \frac{N}{\sum \dfrac{1}{q_{o,t}}} = \frac{N}{\dfrac{1}{q_{Ao,t}} + \dfrac{1}{q_{Bo,t}} + \dfrac{1}{q_{Co,t}}}$$

### Índice harmônico ponderado:

Designado por $IH_p$, é calculado da seguinte forma:

$$IH_p = \frac{\sum q}{\sum \left( \dfrac{q}{p_{0,t}} \right)} = \frac{\sum q}{\dfrac{q_A}{p_{A0,t}} + \dfrac{q_B}{p_{B0,t}} + \dfrac{q_C}{p_{C0,t}} + \ldots}$$

Novamente a dica se repete: basta lembrarmos da fórmula da média harmônica para dados tabulados. Daí, trocaremos Xi pelos relativos de preços e trocaremos fi pelas quantidades. Vamos a um exemplo considerando os dados da tabela abaixo, calculemos o índice harmônico ponderado:

| Produto | Relativos de Preços 2002($p_t$) (em %) | Quantidades 2002($q_t$) (unid.) |
|---------|---------------------------------------|--------------------------------|
| A | 125 | 120 |
| B | 95 | 200 |
| C | 110 | 185 |

$$IH_p = \frac{120 + 200 + 185}{\dfrac{120}{125} + \dfrac{200}{95} + \dfrac{185}{110}}$$

→ Daí, feitas as contas: $IH_p = 106,38$ → **(Resposta)**

## ÍNDICE GEOMÉTRICO SIMPLES:

Será designado por $IGS$ , e representa apenas a média geométrica dos índices relativos.

Abriremos parênteses para aprendermos como se calcula a média geométrica de um conjunto. E é simples. Designá-la-emos por $\overline{X}g$ . Teremos:

## MÉDIA GEOMÉTRICA PARA O ROL:

$$\overline{X}g = \sqrt[N]{\Pi^{Xi}}$$

O símbolo $\Pi$ (letra grega **pi** maiúscula) significa "produtório". É o irmão do somatório $\sum$ (letra grega **sigma** maiúscula), com a diferença de que o somatório soma e o produtório multiplica.

Daí, produtório de um conjunto de elementos $Xi$ nada mais é que o produto destes elementos.

**Exemplo:** calculemos a média geométrica do conjunto $\{1, 2, 3, 4, 5\}$.

$$\overline{X}g = \sqrt[N]{\Pi^{Xi}} \rightarrow \overline{X}g = \sqrt[5]{1x2x3x4x5} \rightarrow \overline{X}g = \sqrt[5]{120} \rightarrow \overline{X}g = 2,61$$

## MÉDIA GEOMÉTRICA PARA DADOS TABULADOS:

Faremos a transição já nossa conhecida. Aqui, surgirá o *fi*. Teremos:

$$\overline{X}g = \sqrt[N]{\Pi Xi^{fi}}$$

Observemos que, neste caso, o *fi* ficará no expoente do *Xi*.

## Média geométrica para distribuição de freqüências:

Basta substituir $Xi$ pelo ponto médio (PMi). Teremos:

$$\overline{Xg} = \sqrt[N]{\Pi PMi^{fi}}$$

### → Índice geométrico simples de preço:

Aqui, repetiremos a fórmula da média geométrica para o rol, trocando apenas $Xi$ pelos relativos de preço. Teremos:

$$IGS_p = \sqrt[N]{\Pi p_{o,t}} = \sqrt[N]{p_{Ao,t} \times p_{Bo,t} \times p_{Co,t} \times ...}$$

**Exemplo:** calculemos o índice geométrico simples de preços dos dados abaixo.

| Produtos | Índices Relativos de Preço (%) | |
|---|---|---|
| | 2000 ($p_o$) | 2002 ($p_{o,t}$) |
| A | 100 | 133,3 |
| B | 100 | 100,0 |
| C | 100 | 58,3 |

$$IGS_p = \sqrt[N]{p_{Ao,t} \times p_{Bo,t} \times p_{Co,t} \times ...} = \sqrt[3]{133,3 \times 100 \times 58,3} = \sqrt[3]{777.139} = 91,94.$$

### Índice geométrico simples de quantidade:

Usaremos a fórmula do índice anterior, apenas trocando os relativos de preços por relativos de quantidades. Teremos:

$$IGS_q = \sqrt[N]{\Pi q_{o,t}} = \sqrt[N]{q_{Ao,t} \times q_{Bo,t} \times q_{Co,t} \times ...}$$

## Índice geométrico ponderado:

Designado por $IG_p$ , e calculado da seguinte forma:

$$IG_p = \sqrt[\Sigma q]{\prod p_{0,t}^q} = \sqrt[\Sigma q]{p_{A0,t}^{qA} x p_{B,0t}^{qB} x p_{C0,t}^{qC} x ...}$$

### → Índices complexos de quantidade e de preço:

Observando o programa apresentado pela ESAF em concursos do AFRF, eu e outros professores vimos que ela cometeu um pequeno deslize, quando chamou "índices complexos de qualidade e de preço". Na verdade, não era "qualidade" que eles queriam dizer, mas "quantidade". Às vezes, uma palavrinha à toa deixa muito aluno preocupado...

Estes dois índices que vamos aprender   Laspeyres e Paasche   já foram, outrora, muito exigidos em provas do AFRF. De um tempo pra cá, desde 2001, deixaram de ser cobrados. O que não quer dizer, absolutamente, que não possam voltar a qualquer momento.

São índices que envolvem preços e quantidades, simultaneamente, referentes a duas épocas distintas: ano-base e ano-dado. Então, o que poderia ser efetivamente mais complicado aqui seria apenas conhecer as quatro fórmulas. Teremos duas fórmulas para Paasche e duas para Laspeyres.

## Índices de Paasche ou método da época atual:

→ **Índice de Preço de Paasche:**      $IPP_{0,t} = \dfrac{\sum (p_t . q_t)}{\sum (p_0 . q_t)}$

→ **Índice de Quantidade de Paasche:**   $IQP_{0,t} = \dfrac{\sum (q_t \cdot p_t)}{\sum (q_o \cdot p_t)}$

## Índices de Laspeyres ou método da época básica:

→ Índice de Preço de Laspeyres:     $IPL_{0,t} = \dfrac{\sum(p_t \cdot q_0)}{\sum(p_0 \cdot q_0)}$

→ Índice de Quantidade de Laspeyres:     $IQL_{0,t} = \dfrac{\sum(q_t \cdot p_0)}{\sum(q_0 \cdot p_0)}$

## Questões do AFTN-1994:

Considere a estrutura de preços e de quantidades relativa a um conjunto de quatro bens, transcrita a seguir, para responder as três próximas questões.

| Anos | ANO 0 (BASE) | | ANO 1 | | ANO 2 | | ANO 3 | |
|------|--------|----|--------|----|--------|----|--------|----|
| Bens | Preços | Q | Preços | Q | Preços | Q | Preços | Q |
| B1 | 5 | 5 | 8 | 5 | 10 | 10 | 12 | 10 |
| B2 | 10 | 5 | 12 | 10 | 15 | 5 | 20 | 10 |
| B3 | 15 | 10 | 18 | 10 | 20 | 5 | 20 | 5 |
| B4 | 20 | 10 | 22 | 5 | 25 | 10 | 30 | 5 |

**1. Os índices de quantidade de Paasche, correspondentes aos quatro anos, são iguais, respectivamente a:**

a) 100,0; 90,8; 92,3; 86,4

**b) 100,0; 90,0; 91,3; 86,4**

c) 100,0; 90,0; 91,3; 83,4

d) 100,0; 90,8; 91,3; 82,2

e) 100,0; 90,6; 91,3; 86,4.

**Solução:** a primeira coisa que temos que recordar é a fórmula do índice de quantidade de Paasche, que é a seguinte:

$$IQP_{0,t} = \frac{\sum(q_t.p_t)}{\sum(q_0.p_t)}$$

Agora, observemos as respostas. Todas elas começam com o valor 100. Isso por quê? Porque esse primeiro índice diz respeito ao cálculo do ano-zero (ano-base) em relação a ele próprio. Logicamente que dispensaremos esse cálculo!

Nosso trabalho será fazer as contas restantes:

→ ano 1, em relação ao ano-zero;

→ ano 2 em relação ao ano-zero;

e → ano 3 em relação ao ano zero.

Observemos que estamos fazendo tudo "em relação ao ano-zero", exatamente porque o ano-zero é o ano de referência.

Antes de iniciarmos as contas, olharemos para as respostas. Quais são os segundos valores que vêm nas opções de resposta? Temos **90,8, 90,0 e 90,6**. Ora, como temos **valores diferentes**, faremos esse primeiro cálculo, do índice de quantidade de Paasche do ano 1 em relação ao ano-zero. Teremos:

$$IQP_{0,1} = \frac{\sum(q_1.p_1)}{\sum(q_0.p_1)} = \frac{(5x8)+(10x12)+(10x18)+(5x22)}{(5x8)+(10x12)+(10x18)+(5x22)} = \frac{450}{500} = 0,900.$$

Este resultado será multiplicado por 100. Teremos: $IQP_{0,t} = 0,90 \times 100 = 90,0$.

Agora, analisemos as opções. Com este valor **90,0** reduzimos as possibilidades de resposta às opções **b** e **c**. Quem for bom observador já viu que após o **90,0**, nestas duas opções, encontraremos o mesmo valor **91,3**, que corresponde ao índice de Paasche do ano 2 em relação ao ano-zero. Como a resposta é a mesma, o "desempate" sairá mesmo com as contas do índice do ano 3 em relação ao ano-zero. É o que faremos agora. Teremos:

$$IQP_{0,3} = \frac{\sum q_3.p_3}{\sum q_0.p_3} = \frac{(10x12)+(10x20)+(5x20)+(5x30)}{(5x12)+(5x20)+(10x20)+(10x30)} = \frac{570}{660} = 0,864.$$

Que, multiplicado por 100, resultará 0,864 × 100 = 86,4. Finalmente, chegamos à resposta. **Opção B.**

**2. Os índices de preços de Laspeyres correspondentes aos quatro anos são iguais, respectivamente, a:**

a) 100,0; 117,7; 135,3; 155,3

b) 100,0; 112,6; 128,7; 142,0

c) 100,0; 112,6; 132,5; 146,1

d) 100,0; 117,7; 132,5; 146,1

e) 100,0; 117,7; 133,3; 155,3

**Solução:** O ponto de partida aqui será também a fórmula. Sem conhecermos a fórmula, como poderemos querer acertar a questão? Não dá. Vejamos então:

$$\text{Índice de Preço de Laspeyres} \rightarrow IPL_{0,t} = \frac{\sum (p_t \cdot q_0)}{\sum (p_0 \cdot q_0)}$$

Observando as respostas, vimos que todas as opções **começam com** o valor **100,0**. Já sabemos o motivo disso: esse valor representa o índice calculado para o ano-zero (ano-base), em relação a ele próprio. Antes de passarmos às próximas contas, vamos escolher com qual "ano-dado" iremos trabalhar. Como escolher isso? Olhando para as respostas, e buscando aquela em que, em todas as opções, há valores diferentes.

Vejamos: o segundo valor das cinco opções ou serão **117,7** ou serão **112,6**. Isso não é bom. Não vai nos trazer conclusão nenhuma. Já, o terceiro valor das opções **que se refere ao índice do ano 2 em relação ao ano-zero** - nos traz um leque maior: **135,3** ou **128,7** ou **132,5** ou **133,3**. A única resposta que se repete é o **132,5**. Ou seja, se der qualquer uma das outras respostas, já teremos "matado" a questão.

Passemos aos cálculos:

$$IPL_{0,2} = \frac{\sum (p_2 \cdot q_0)}{\sum (p_0 \cdot q_0)} = \frac{(10 \times 5) + (15 \times 5) + (20 \times 10) + (25 \times 10)}{(5 \times 5) + (10 \times 5) + (15 \times 10) + (20 \times 10)} = \frac{575}{425} = 1,353$$

Esse valor, multiplicado por 100, resultará em: 135,3.

Com isso, já chegamos à resposta. **Opção A**.

**3. (AFTN 1998)** A tabela abaixo apresenta a evolução de preços e quantidades de cinco produtos:

| Ano | 1960 (ano–base) | | 1970 | 1979 |
|---|---|---|---|---|
| | Preço $(p_o)$ | Quant. $(q_o)$ | Preço $(p_1)$ | Preço $(p_2)$ |
| Produto A | 6,5 | 53 | 11,2 | 29,3 |
| Produto B | 12,2 | 169 | 15,3 | 47,2 |
| Produto C | 7,9 | 27 | 22,7 | 42,6 |
| Produto D | 4,0 | 55 | 4,9 | 21,0 |
| Produto E | 15,7 | 393 | 26,2 | 64,7 |
| Totais | $\sum p_o.q_o = 9.009,7$ | | $\sum p_1.q_o = 14.358,3$ | $\sum p_2.q_o = 37.262,00$ |

Assinale a opção que corresponde aproximadamente ao índice de Laspeyres para 1979, com base em 1960.

a) 415,1

b) 413,6

c) 398,6

**d) 414,4**

e) 416,6

# MUDANÇA DE BASE

Esse sim, é o último tópico do programa do AFRF. É o mais fácil de todos. Na questão de "mudança de base", será fornecida uma tabela muito simples, com duas linhas: na de cima, uma seqüência de épocas distintas (normalmente anos); na de baixo, índices que representam geralmente preços de um determinado produto.

Em suma, teremos preços de um bem em diferentes anos.

Nesta tabela, apenas um dos valores da segunda linha será igual a 100. Este ano será, portanto, chamado ano-base. Todos os demais índices de preços podem ser imediatamente "comparados" de forma percentual ao preço do ano-base, uma vez que este último é igual a 100. Por exemplo, consideremos a tabela abaixo:

| Ano | 1981 | 1982 | 1983 | 1984 | 1985 | 1986 |
|-----|------|------|------|------|------|------|
| Índice | 75 | 88 | 92 | 100 | 110 | 122 |

Aqui, nosso ano-base é 1984, pois é o único que traz o índice igual a 100. Se quisermos comparar o que houve com o preço desse produto no ano de 1985, diremos sem dificuldades que ocorreu um aumento de 10%. Claro! (110 -100=10).

Pois bem, o problema agora é o seguinte: queremos **mudar a base dessa tabela**. Ou seja, queremos que o ano-base deixe de ser 1984 e passe a ser outro qualquer. Por exemplo, queremos que o ano-base passe a ser o de 1981. O que faremos?

Ora, se a nova base vai ser o ano de 1981, naturalmente que o índice deste ano terá que assumir o valor de 100. A pergunta: qual é seu valor atualmente? É 75. Então, teremos que fazer uma operação, para que 75 se transforme em 100.

Basta, para tanto, dividirmos por 0,75. Vejamos:

$$\frac{75}{0,75} \frac{75}{\left(\dfrac{75}{100}\right)} = 75 x \left(\frac{100}{75}\right) = 100$$

Pronto! Com isso, nosso índice, que antes era 75, agora passou a 100. Era isso o que queríamos fazer.

O que nos resta agora é apenas saber que a mesma operação que foi realizada com o índice da nova base será também feita com todos os outros índices da tabela. Ou seja, não vai mudar só o índice do **ano-base**: mudará toda a tabela. E a operação será a mesma: dividir por 0,75. Teremos, portanto:

| Ano | 1981 | 1982 | 1983 | 1984 | 1985 | 1986 |
|------|------|------|------|------|------|------|
| Índice | 100 | $\dfrac{88}{0,75}$ | $\dfrac{92}{0,75}$ | $\dfrac{100}{0,75}$ | $\dfrac{110}{0,75}$ | $\dfrac{122}{0,75}$ |

Chegaríamos a:

| Ano | 1981 | 1982 | 1983 | 1984 | 1985 | 1986 |
|------|------|------|------|------|------|------|
| Índice | 100,1 | 117,3 | 122,7 | 133,3 | 146,7 | 162,7 |

Esta é nossa nova tabela, cuja nova base é o ano de 1981.

**(AFTN 1998)** A tabela seguinte dá a evolução de um índice de preço calculado com base no ano de 1984.

| Ano | 1981 | 1982 | 1983 | 1984 | 1985 | 1986 |
|------|------|------|------|------|------|------|
| Índice | 75 | 88 | 92 | 100 | 110 | 122 |

No contexto da mudança de base do índice para 1981 assinale a opção correta:

a) Basta dividir a série de preços pela média entre 0,75 e 1,00.

b) Basta a divisão por 0,75 para se obter a série de preços na nova base.

c) Basta multiplicar a série por 0,75 para se obter a série de preços na nova base.

**d) O ajuste da base depende do método utilizado na construção da série de preços, mas a divisão por 0,75 produz uma aproximação satisfatória.**

e) Basta multiplicar a série de preços pela média entre 0,75 e 1,00.

## Salários reais (SR) ou salários deflacionados

Embora os salários individuais possam, teoricamente, estar ascendendo através de um período de tempo (meses, anos, ...), os *salários reais* podem, na verdade, estar declinando, devido ao aumento do custo de vida (inflação), e, conseqüentemente, tendo o seu *poder aquisitivo* reduzido.

Estes *salários reais (SR)*, também denominados salários deflacionados, podem ser obtidos mediante a divisão dos *salários nominais (SN)* ou aparentes das várias épocas pelos índices de preço *(IP)* das épocas correspondentes.

$$SR_t = \frac{SN_t}{IP_{0,t}}$$

**Exemplo 1:** o salário de um operador, em 1998, era de R$ 850,00 e o índice de preço de 1998, com base em 1995, era 120. Calcule o salário real em 1998, com base em 1995.

**Solução:**

$$SR_{98} = \frac{SN_{98}}{IP_{1995,1998}} = \frac{850}{120\%} = 708,33.$$

Ou seja: o salário real é de R$ 708,33, em 1998, com base em 1995. Pode-se concluir, também, que o poder aquisitivo do salário do operário, em 1998, com base em 1995, é de R$ 708,33.

Descrevemos acima o processo de *deflacionar* uma série temporal que envolve salários, e o índice de preço usado na determinação do salário real é chamado *deflator*.

Processo semelhante pode ser usado para deflacionar outras séries temporais.

**Exemplo 2:** o faturamento de uma empresa, em 1995, era de R$ 620.000,00 e o índice de preço de 1995, com base em 1990, era 160. Calcule o faturamento real em 1995, com base em 1990.

**Solução:**

$$FR_{95} = \frac{FN_{95}}{IP_{90,95}} = \frac{620.000}{160\%} = 387.500.$$

Ou seja: o faturamento real é de R$ 387.500,00, em 1995, com base em 1990.

### Variação do poder aquisitivo

Pode ser calculada pela variação percentual entre o salário real na época dada (t) e o salário nominal na época base:

$$VPA = \frac{SR_t - SN_{base}}{SN_{base}}.$$

**Exemplo 3:** o salário médio de um professor universitário foi de R$ 3.000,00, em 2002, e os índices de preço nos anos de 2001 e 2002, com base em 2000, foram 115 e 130, respectivamente. Calcule o salário real e a perda do poder aquisitivo em 2002, com base em 2001.

**Solução:**

Primeiramente, calcularemos o índice de preço em 2002, com base em 2001. Para isso, temos que mudar a base de 2000 (fornecida no enunciado) para 2001.

| Anos | 2000 | 2001 | 2002 |
|------|------|------|------|
| Índice de preço (2000 = 100) | (100/115)x100=**87** | 100 | (130/115)x100=**113** |

Nova base (2001):

| Anos | 2000 | 2001 | 2002 |
|---|---|---|---|
| Índice de preço (2001 = 100) | (100/115)×100 = **87** | 100 | (130/115)x100 = **113** |

$$SR_{2002} = \frac{SN_{2002}}{IP_{2001,2002}} = \frac{3000}{113\%} = 2655.$$

Ou seja: o salário real, em 2002, com base em 2001, é de R$ 2.655,00.

Agora calcularemos a perda do poder aquisitivo.

O salário médio, em 2001, não foi fornecido na questão. Então, considera-se que não houve alteração no salário de 2001 para 2002, quer dizer, o salário de 2001 é igual ao de 2002.

$$VPA = \frac{SR_{2002} - SN_{2001}}{SN_{2001}} = \frac{2655 - 3000}{3000} = -0,115 = -11,5\%.$$

Daí: $VPA = 11,5\%$.

Ou seja: a perda no poder aquisitivo (desvalorização do salário) de 2002, com base em 2001, foi de 11,5%.

**Exemplo 4:** no exemplo 3, considere o salário médio do professor em 2001 como R$ 2.400,00. Calcule a variação do poder aquisitivo em 2002, com base em 2001.

**Solução:**

$$VPA = \frac{SR_{2002} - SN_{2001}}{SN_{2001}} = \frac{2655 - 2400}{2400} = 0,106 = 10,6\%.$$

Daí: $VPA = 10,6\%.$

Ou seja: houve um aumento no poder aquisitivo de 2002, com base em 2001, de 10,6%.

## DESVALORIZAÇÃO DA MOEDA

É bastante explorado em concursos o cálculo da desvalorização ou perda do poder aquisitivo da moeda, sendo fornecido(s) o(s) índice(s) de inflação do(s) período(s).

A desvalorização da moeda é obtida através do cálculo da variação do poder aquisitivo para um salário de R$ 1,00, no período considerado.

$$DM = \frac{SR_t - SN_{base}}{SN_{base}}.$$

Daí:

$$DM = \frac{\dfrac{SN_t}{IP_{0,t}} - SN_{base}}{SN_{base}} = \frac{\dfrac{1,00}{IP_{0,t}} - 1,00}{1,00}.$$

E, finalmente:

$$DM = \frac{1}{IP_{0,t}} - 1.$$

**Exemplo 5:** o índice de inflação no mês de março foi de 10%, no mês de abril, de 5%, e no mês de junho, de 2%. Calcule a desvalorização da moeda nesse período.

**Solução:**

Para obter a desvalorização, temos que calcular o índice de preço do período $(IP_{0,t})$, que será encontrado a partir da inflação acumulada do período.

### CÁLCULO DA INFLAÇÃO ACUMULADA DO PERÍODO

$$Inf_{acp} = (1 \pm Inf_1).(1 \pm Inf_2).(1 \pm Inf_3)... - 1.$$

Para o nosso problema, temos:

$$Inf_{acp} = (1+0,10).(1+0,05).(1+0,02) - 1.$$

Daí:

$$Inf_{acp} = [1,10.1,05.1,02] - 1 = 0,178 = 17,8\%.$$

A inflação é uma medida de variação dos preços e, para encontrarmos o $IP_{0,t}$, teremos de fazer:

$$IP_{0,t} = Inf_{acp} + 100\% = 17,8\% + 100\% = 117,8\%.$$

Este índice de preço também poderia ter sido obtido pelo procedimento de transformar cada inflação mensal em um índice de preço do mês, e depois aplicar a propriedade circular.

Finalizando:

$$DM = \frac{1}{IP_{0,t}} - 1 = \frac{1}{117,8\%} - 1 = \frac{100}{117,8} - 1 = \frac{100 - 117,8}{117,8} = \frac{-17,8}{117,8} = -0,15 = -15\%.$$

Ou seja: a desvalorização (ou perda do poder aquisitivo) da moeda, no período, foi de 15%.

## Exercícios Finais

### (97 QUESTÕES DE CONCURSOS DIVERSOS COM GABARITOS INCLUINDO AS PROVAS DO AFRF DE ANOS PASSADOS)

### EXERCÍCIOS SOBRE OS CONCEITOS INICIAIS DA ESTATÍSTICA

**(FTE- Alagoas-2002/CESPE)** Julgue os seguintes itens:

1. Um censo consiste no estudo de todos os indivíduos da população considerada. **Certo.**

2. Como a realização de um censo tipicamente é muito onerosa e (ou) demorada, muitas vezes é conveniente estudar um subconjunto próprio da população, denominado amostra. **Certo.**

3. **(TTN-1994)** Marque a opção correta:

a) Um evento tem, no mínimo, dois elementos de espaço amostral de um experimento aleatório.

b) Em um experimento aleatório uniforme todos os elementos do espaço-amostra são iguais.

c) Dois experimentos aleatórios distintos têm, necessariamente, espaços-amostra distintos.

d) Uma parte não nula do espaço-amostra de um experimento aleatório define evento.

**e) Um experimento aleatório pode ser repetido indefinidamente, mantidas as condições iniciais.**

4. **(TCDF-1995)** Assinale a opção correta:

a) Em Estatística, entende-se por população um conjunto de pessoas.

b) A variável é discreta quando pode assumir qualquer valor dentro de determinado intervalo.

c) Freqüência relativa de uma variável aleatória é o número de repetições dessa variável.

**d) A série estatística é cronológica quando o elemento variável é o tempo.**

e) Amplitude total é a diferença entre dois valores quaisquer do atributo.

5. **(TCU-1993)** Assinale a opção correta:

a) Estatística Inferencial compreende um conjunto de técnicas destinadas à síntese de dados numéricos.

**b) O processo utilizado para se medir as características de todos os membros de uma dada população recebe o nome de censo.**

c) A Estatística Descritiva compreende as técnicas por meio das quais são tomadas decisões sobre uma população com base na observação de uma amostra.

d) Uma população só pode ser caracterizada se forem observados todos os seus componentes.

e) Parâmetros são medidas características de grupos, determinadas por meio de uma amostra aleatória.

**(AFCE-TCDF-2002/CESPE)** Julgue o item seguinte:

6. Por Estatística Descritiva entende-se um conjunto de ferramentas, tais como gráficos e tabelas, cujo objetivo é apresentar, de forma resumida, um conjunto de observações. **Certo.**

## EXERCÍCIOS DE REPRESENTAÇÃO GRÁFICA DOS DADOS ESTATÍSTICOS

7. **(TCU-93)** Gráficos são instrumentos úteis na análise estatística. Assinale a afirmação incorreta:

a) Um histograma representa uma distribuição de freqüências para variáveis do tipo contínuo.

b) O gráfico de barras representa, por meio de uma série de barras, quantidades ou freqüências para variáveis categóricas.

c) O gráfico de setores é apropriado, quando se quer representar as divisões de um montante total.

d) Um histograma pode ser construído utilizando-se, indistintamente, as freqüências absolutas ou relativas de um intervalo de classe.

e) **Uma ogiva pode ser obtida ligando-se os pontos médios dos topos dos retângulos de um histograma.**

8. **(AFTN-1994)** Assinale a opção correta:

a) A utilização de gráficos de barras ou de colunas exige amplitude de classe constante na distribuição de freqüência.

b) O histograma é um gráfico construído com freqüências de uma distribuição de freqüências ou de uma série temporal.

c) **O polígono de freqüência é um indicador gráfico da distribuição de probabilidade que se ajusta à distribuição empírica a que ele se refere.**

d) O histograma pode ser construído para a distribuição de uma variável discreta ou contínua.

e) O polígono de freqüência é construído unindo-se os pontos corresponden-tes aos limites inferiores dos intervalos de classe da distribuição de freqüência.

9. **(TCDF-1995)** Em relação aos tipos gráficos, assinale a opção correta:

a) Uma série categórica é mais bem representada por um gráfico de linha.

b) Uma série cronológica é mais bem representada por um gráfico de setores.

c) Se uma distribuição de freqüências apresenta intervalos de tamanhos desi-guais, o melhor gráfico para representá-la é um polígono de freqüências.

d) O gráfico de barras é usado somente para séries geográficas.

**e) O gráfico de setores é usado para comparar proporções.**

10. **(Fiscal-Campinas-2002)** O gráfico estatístico, destinado a representar uma distribuição de freqüência por classe, denomina-se:

a) Cronograma.

b) Polígono de freqüência.

**c) Histograma.**

d) Gráfico de colunas.

e) Gráfico em barras.

**(Metrô-DF)** Para responder a próxima questão, considere a tabela abaixo, que representa as notas finais obtidas por 30 alunos de uma classe, em um exame de Língua Portuguesa.

| Notas | 0⌐1 | 1⌐2 | 2⌐3 | 3⌐4 | 4⌐5 | 5⌐6 | 6⌐7 | 7⌐8 | 8⌐9 | 9⌐10 |
|-------|-----|-----|-----|-----|-----|-----|-----|-----|-----|------|
| Nº de alunos | 4 | 3 | 6 | 3 | 0 | 6 | 3 | 2 | 2 | 1 |

11. **(Metrô-DF)** Ao construir o gráfico de setores relativo à tabela dada, o setor correspondente à classe **5l—6** será de:

a) 48°        b) 55°        c) 60°        d) 66°        e) **72°**

## EXERCÍCIOS DE DISTRIBUIÇÃO DE FREQÜÊNCIAS

**(AFRF-2000)** Freqüências Acumuladas de Salários Anuais, em Milhares de Reais, da Cia. Alfa:

| Classes de Salário | Freqüências Acumuladas |
|:---:|:---:|
| (3; 6] | 12 |
| (6; 9] | 30 |
| (9; 12] | 50 |
| (12; 15] | 60 |
| (15; 18] | 65 |
| (18; 21] | 68 |

12. **(AFRF-2000)** Suponha que a tabela de freqüências acumuladas tenha sido construída a partir de uma amostra de 10% dos empregados da Cia. Alfa. Deseja-se estimar, utilizando interpolação linear da ogiva, a freqüência populacional de salários anuais iguais ou inferiores a R$ 7.000,00 na Cia. Alfa. Assinale a opção que corresponde a este número.

a) 150        b) 120        c) 130        d) 160        e) **180**

**(AFRF-2000)** Em um ensaio para o estudo da distribuição de um atributo financeiro **(X)** foram examinados **200** itens de natureza contábil do balanço de uma empresa. Esse exercício produziu a tabela de freqüências abaixo. A coluna classes representa intervalos de valores de **X** em reais e a coluna **P** representa a freqüência relativa acumulada. Não existem observações coincidentes com os extremos das classes.

| Classes | P (%) |
|---------|-------|
| 70 – 90 | 5 |
| 90 – 110 | 15 |
| 110 – 130 | 40 |
| 130 – 150 | 70 |
| 150 – 170 | 85 |
| 170 – 190 | 95 |
| 190 – 210 | 100 |

13. **(AFRF-2000)** Assinale a opção que corresponde à estimativa da freqüência relativa de observações de **X** menores ou iguais a **145**.

a) **62,5%**    b) 70,0%    c) 50,0%    d) 45,0%    e) 53,4%

**(AFRF-2002.2)** Para a solução da próxima questão utilize o enunciado que se segue.

O atributo do tipo contínuo **X**, observado como um inteiro, numa amostra de tamanho 100 obtida de uma população de 1.000 indivíduos, produziu a tabela de freqüências seguinte:

| Classes | Freqüência *(fi)* |
|---------|-------------------|
| 29,5 – 39,5 | 4 |
| 39,5 – 49,5 | 8 |
| 49,5 – 59,5 | 14 |
| 59,5 – 69,5 | 20 |
| 69,5 – 79,5 | 26 |
| 79,5 – 89,5 | 18 |
| 89,5 – 99,5 | 10 |

14. Assinale a opção que corresponde à estimativa do número de indivíduos na população com valores do atributo X menores ou iguais a 95,9 e maiores do que 50,5.

a) 700          b) 638          c) **826**          d) 995          e) 900

15. **(FTE-Alagoas-2002/CESPE)** Julgue o seguinte item:

Em uma distribuição de freqüências para um conjunto de **N** indivíduos, pode-se calcular as freqüências relativas, dividindo-se cada freqüência absoluta pela amplitude da correspondente classe ou do intervalo. **Errado.**

**(FTE-Piauí-2001/ESAF)** A tabela abaixo mostra a distribuição de freqüência obtida de uma amostra aleatória dos salários anuais, em reais, de uma firma. As freqüências são acumuladas.

| Classes de Salário | Freqüências |
|---|---|
| (5.000-6.500) | 12 |
| (6.500-8.000) | 28 |
| (8.000-9.500) | 52 |
| (9.500-11.000) | 74 |
| (11.000-12.500) | 89 |
| (12.500-14.000) | 97 |
| (14.000-15.500) | 100 |

16. Deseja-se estimar, via interpolação da ogiva, o nível salarial populacional que não é ultrapassado por 79% da população. Assinale a opção que corresponde a essa estimativa.

a) R$ 10.000,00          b) R$ 9.500,00          c) 12.500,00

d) R$ 11.000,00          e) **R$ 11.500,00**

**(FTE-Pará-2002/ESAF)** A tabela de freqüências abaixo deve ser utilizada na próxima questão e apresenta as freqüências acumuladas (F) correspondentes a uma amostra da distribuição dos salários anuais de economistas (Y) – em R$ 1.000,00, do departamento de fiscalização da Cia. X. Não existem realizações de **Y** coincidentes com as extremidades das classes salariais.

| Classes | F |
|---|---|
| 29,5 – 39,5 | 2 |
| 39,5 – 49,5 | 6 |
| 49,5 – 59,5 | 13 |
| 59,5 – 69,5 | 23 |
| 69,5 – 79,5 | 36 |
| 79,5 – 89,5 | 45 |
| 89,5 – 99,5 | 50 |

17. Assinale a opção que corresponde ao valor q, obtido por interpolação da ogiva, que, estima-se, não é superado por 80% das realizações de **Y**.

a) 82,0      b) 80,0      **c) 83,9**      d) 74,5      e) 84,5

**(Oficial de Justiça Avaliador TJ/Ceará-2002/ESAF)** A tabela abaixo apresenta a distribuição de freqüências do atributo salário mensal medido em quantidade de salários mínimos para uma amostra de 200 funcionários da empresa X. A próxima questão refere-se a essa tabela. Note que a coluna das **Classes** refere-se a classes salariais em quantidades de salários mínimos e que a coluna **P** refere-se ao percentual da freqüência acumulada relativo ao total da amostra. Não existem observações coincidentes com os extremos das classes.

| Classes | P |
|---|---|
| 4 – 8 | 20 |
| 8 – 12 | 60 |
| 12 – 16 | 80 |
| 16 – 20 | 98 |
| 20 – 24 | 100 |

18. Assinale a opção que corresponde à aproximação de freqüência relativa de observações de indivíduos com salários menores ou iguais a 14 salários mínimos.

a) 65%    b) 50%    c) 80%    d) 60%    **e) 70%**

19. **(Auditor do Tesouro Municipal - Recife-2003/ESAF)** O quadro seguinte apresenta a distribuição de freqüências da variável valor do aluguel (**X**) para uma amostra de 200 apartamentos de uma região metropolitana de certo município. Não existem observações coincidentes com os extremos das classes. Assinale a opção que corresponde à estimativa do valor **X** tal que a freqüência relativa de observações de **X** menores ou iguais a **X** seja 80%.

| Classes de Salário | Freqüências |
|:---:|:---:|
| 350-380 | 3 |
| 380-410 | 8 |
| 410-440 | 10 |
| 440-470 | 13 |
| 470-500 | 33 |
| 500-530 | 40 |
| 530-560 | 35 |
| 560-590 | 30 |
| 590-620 | 16 |
| 620-650 | 12 |

a) 530    b) 560    c) 590    **d) 578**    e) 575

# EXERCÍCIOS DE MEDIDAS DE POSIÇÃO

**20. (Anal. Fin. e Cont. GDF-1994)** Os preços do metro quadrado das últimas 5 obras realizadas por uma instituição pública foram respectivamente: 800, 810, 810, 750 e 780 reais. Pode-se afirmar que a média dos preços do metro quadrado obtida é:

a) 780        **b) 790**        c) 800        d) 810

**21. (Banco Central-1994)** Em certa empresa, o salário médio era de R$ 90.000,00 e o desvio padrão era de R$ 10.000,00. Todos os salários receberam um aumento de 10%. O salário médio passou a ser de:

a) R$ 90.000,00        b) R$ 91.000,00        c) R$ 95.000,00

**d) R$ 99.000,00**        e) R$100.000,00

**22. (Anal. Fin. e Cont. GDF-1994)** Os valores (em 1.000 URVs) de 15 imóveis situados em uma determinada quadra são apresentados a seguir, em ordem crescente: 30, 32, 35, 38, 50, 58, 64, 78, 80, 80, 90, 112, 180, 240 e 333. Então, a mediana dos valores destes imóveis é:

**a) 78**        15) 79        c) 80        d) 100

**23. (TCDF-1995)** Em uma empresa, o salário médio dos empregados é de R$ 500,00. Os salários médios pagos aos empregados dos sexos masculino e feminino são R$ 520,00 e R$ 420,00, respectivamente. Então, nessa empresa:

a) o número de homens é o dobro do número de mulheres.

b) O número de homens é o triplo do número de mulheres.

**c) O número de homens é o quádruplo do número de mulheres.**

d) O número de mulheres é o triplo do número de homens.

e) O número de mulheres é o quádruplo do número de homens.

24. **(TTN-1994)** Marque a alternativa correta:

a) O intervalo de classe que contém a moda é o de maior freqüência relativa acumulada (crescentemente).

b) A freqüência acumulada denominada "abaixo de" resulta da soma das freqüências simples em ordem decrescente.

**c) Em uma distribuição de freqüências existe uma freqüência relativa acumulada unitária, ou no primeiro, ou no último intervalo de classe.**

d) O intervalo de classe que contém a mediana é o de maior freqüência absoluta simples.

e) Os intervalos de classe de uma distribuição de freqüência têm o ponto médio eqüidistante dos limites inferior e superior de cada classe e sua amplitude ou é constante ou guarda uma relação de multiplicidade com a freqüência absoluta simples da mesma classe.

25. **(Fiscal do Trabalho-1994)** O levantamento de dados sobre os salários de 100 funcionários de uma determinada empresa forneceu os seguintes resultados:

| Quantidade de salários mínimos | Quantidade de funcionários |
|:---:|:---:|
| 2 ⊢ 4 | 25 |
| 4 ⊢ 6 | 35 |
| 6 ⊢ 8 | 20 |
| 8 ⊢ 10 | 15 |
| 10 ⊢ 12 | 5 |
| **Total** | **100** |

É correto afirmar que:

a) 20% dos funcionários recebem acima de 6 salários mínimos.

b) A mediana é 7 salários mínimos.

**c) 60 % dos funcionários recebem menos de 6 salários mínimos.**

d) O salário médio é de 7 salários mínimos.

e) 80% dos funcionários recebem de 6 a 8 salários mínimos.

**(TTN-1994)** Considere a distribuição de freqüências transcrita a seguir para responder às quatro próximas questões:

| Xi | fi |
|:---:|:---:|
| 2 l— 4 | 9 |
| 4 l— 6 | 12 |
| 6 l— 8 | 6 |
| 8 l— 10 | 2 |
| 10 l— 12 | 1 |

26. Marque a correta:

a) 65% das observações têm peso não inferior a 4 kg e inferior a 10 kg.

**b) Mais de 65% das observações têm peso maior ou igual a 4 kg.**

c) Menos de 20% das observações têm peso igual ou superior a 4 kg.

d) A soma dos pontos médios dos intervalos de classe é inferior ao tamanho da população.

e) 8% das observações têm peso no intervalo de classe 8 l— 10.

27. A média da distribuição é igual a:

a) **5,27**     b) 5,24        c) 5,21         d) 5,19         e) 5,30

28. A mediana da distribuição é igual a:

a) 5,30 kg    **b) 5,00 kg**    c) um valor inferior a 5 kg        d) 5,10 kg

e) 5,20 kg

29. A moda da distribuição:

a) coincide com o limite superior de um intervalo de classe.

b) coincide com o ponto médio de um intervalo de classe.

c) é maior do que a mediana e do que a média geométrica.

**d) é um valor inferior à média aritmética e à mediana.**

e) pertence a um intervalo de classe distinto do da média aritmética.

30. **(Fiscal de Tributos de MG-1996)** A estatura média dos sócios de um clube é 165 cm, sendo a dos homens 172 cm e a das mulheres 162 cm. A porcentagem de mulheres no clube é de:

a) 62%      b) 65%        C) 68%         **d) 70%**        e) 72%

**(AFTN-1996)** Para efeito das cinco próximas questões, considere os seguintes dados:

# DISTRIBUIÇÃO DE FREQÜÊNCIAS DAS IDADES DOS FUNCIONÁRIOS DA EMPRESA ALFA, EM 1°/1/90.

| Classes de Idades (anos) | Freqüências (fi) | P o n t o s M é d i o s (PMi) | $\frac{PM-37}{5}=di$ | di.fi | di².fi | d³.fi | di⁴.fi |
|---|---|---|---|---|---|---|---|
| 19,5 ⊢ 24,5 | 2 | 22 | -3 | -6 | 18 | -54 | 162 |
| 24,5 ⊢ 29,5 | 9 | 27 | -2 | -18 | 36 | -72 | 144 |
| 29,5 ⊢ 34,5 | 23 | 32 | -1 | -23 | 23 | -23 | 23 |
| 34,5 ⊢ 39,5 | 29 | 37 | - | - | - | - | - |
| 39,5 ⊢ 44,5 | 18 | 42 | 1 | 18 | 118 | 18 | 18 |
| 44,5 ⊢ 49,5 | 12 | 47 | 2 | 24 | 48 | 96 | 192 |
| 49,5 ⊢ 54,5 | 7 | 52 | 3 | 21 | 63 | 189 | 567 |
| Total | N = 100 | | | 16 | 206 | 154 | 1106 |

31. Marque a opção que representa a média das idades dos funcionários em 1°/1/90.

a) 37,4 anos       **b) 37,8 anos**       c) 38,2 anos       d) 38,6 anos

e) 39,0 anos

32. Marque a opção que representa a mediana das idades dos funcionários em 1°/1/90.

a) 35,49 anos       b) 35,73 anos       c) 35,91 anos       **d)37,26 anos**

e) 38,01 anos

33. Marque a opção que representa a moda das idades dos funcionários em 1°/1/90.

a) 35,97 anos       **b) 36,26 anos**       c) 36,76 anos

d) 37,03 anos       e) 37,31 anos

Para efeito das duas questões seguintes, sabe-se que o quadro de pessoal da empresa continua o mesmo em **1º/1/96**.

34. Marque a opção que representa a média das idades dos funcionários em 1°/1/96.

a) 37,4 anos        b) 39,0 anos      c) 43,4 anos      **d) 43,8 anos**

e) 44,6 anos

35. Marque a opção que representa a mediana das idades dos funcionários em 1°/1/96.

a) 35,49 anos        b) 36,44 anos              c) 41,49 anos

d) 41,91 anos        **e) 43,26 anos**

(AFTN-1998) Os dados seguintes, ordenados do menor para o maior, foram obtidos de uma amostra aleatória, de 50 preços (**Xi**) de ações, tomada numa bolsa de valores internacional. A unidade monetária é o dólar americano.

4, 5, 5, 6, 6, 6, 6, 7, 7, 7, 7, 7, 7, 8, 8, 8, 8, 8, 8, 8, 8, 8, 9, 9, 9, 9, 9, 9, 10, 10, 10, 10, 10, 10, 10, 10, 11, 11, 12, 12, 13, 13, 14, 15, 15, 15, 16, 16, 18, 23.

36. Com base nestes dados, assinale a opção que corresponde ao preço modal.

a) 7        b) 23        c) 10        **d) 8**        e) 9

(AFRF-2000) Para efeito das duas próximas questões faça uso da tabela de freqüências abaixo.

**Freqüências Acumuladas de Salários Anuais, em Milhares de Reais, da Cia. Alfa.**

| Classes de Salário | Freqüências Acumuladas |
|:---:|:---:|
| (3; 6] | 12 |
| (6; 9] | 30 |
| (9; 12] | 50 |
| (12; 15] | 60 |
| (15; 18] | 65 |
| (18; 21] | 68 |

37. Quer-se estimar o salário médio anual para os empregados da Cia. Alfa. Assinale a opção que representa a aproximação desta estatística calculada com base na distribuição de freqüências.

**a) 9,93**    b) 15,00    c) 13,50    d)10,00    e)12, 50

38. Quer-se estimar o salário mediano anual da Cia. Alfa. Assinale a opção que corresponde ao  valor aproximado desta estatística, com base  na distribuição de freqüências.

a) 12,50    **b) 9,60**    c) 9,00    d) 12,00    e) 12,10

**(AFRF-2002)** Em um ensaio para o estudo da distribuição de um atributo financeiro (**X**) foram examinados 200 itens de natureza contábil do balanço de uma empresa. Esse exercício produziu a tabela de freqüências abaixo. A **coluna** Classes representa intervalos de valores de **X** em reais e a coluna **P** representa a freqüência relativa acumulada. Não existem observações coincidentes com os extremos das classes.

| Classes | P (%) |
|---------|-------|
| 70-90 | 5 |
| 90-110 | 15 |
| 110-130 | 40 |
| 130-150 | 70 |
| 150-170 | 85 |
| 170-190 | 95 |
| 190-210 T | 100 |

39. Assinale a opção que dá o valor médio amostral de **X**.

a) 140,10     b) 115,50     c) 120,00     d) 140,00     **e) 138,00**

40. Assinale a opção que corresponde à estimativa do quinto decil da distribuição de **X**.

a) 138,00     b) 140,00     **c) 136,67**     d) 139,01     e) 140,66

**(AFRF-2002.2)** Para a solução das duas próximas questões utilize o enunciado que segue. O atributo do tipo contínuo X, observado como um inteiro, numa amostra de tamanho 100 obtida de uma população de 1.000 indivíduos, produziu a tabela de freqüências seguinte:

| Classes | Freqüência (f) |
|---------|---------------|
| 29,5 - 39,5 | 4 |
| 39,5 - 49,5 | 8 |
| 49,5 - 59,5 | 14 |
| 59,5 - 69,5 | 20 |
| 69,5 - 79,5 | 26 |
| 79,5 - 89,5 | 18 |
| 89,5 - 99,5 | 10 |

41. Assinale a opção que corresponde à estimativa da mediana amostral do atributo **X**.

**a) 71,04**     b) 65,02          c) 75,03          d) 68,08          e) 70,02

42. Assinale a opção que corresponde ao valor modal do atributo **X** no conceito de Czuber.

a) 69,50     **b) 73,79**          c) 71,20          d) 74,53          e) 80,10

**(FTE-Pará--2002/ESAF)** A tabela de freqüências abaixo deve ser utilizada nas duas próximas questões e apresenta as freqüências acumuladas (**F**) correspondentes a uma amostra da distribuição dos salários anuais de economistas (**Y**)  em R$ 1.000,00, do departamento de fiscalização da Cia **X**. Não existem realizações de **Y** coincidentes com as extremidades das classes salariais.

| Classes | F |
|---|---|
| 29,5 - 39,5 | 2 |
| 39,5 - 49,5 | 6 |
| 49,5 - 59,5 | 13 |
| 59,5 - 69,5 | 23 |
| 69, 5 - 79, 5 | 36 |
| 79,5 - 89,5 | 45 |
| 89,5 - 99,5 | 50 |

43. Assinale a opção que corresponde ao salário anual médio estimado para o departamento de fiscalização da Cia. **X**.

a) 70,0     **b) 69,5**          c) 68,0          d) 74,4          e) 60,0

44. Assinale a opção que corresponde ao salário modal anual estimado para o departamento de fiscalização da Cia. **X**, no conceito de Czuber.

a) 94,5     b) 74,5          c) 71,0          d) 69, 7          **e) 73,8**

45. **(FTE-Piauí-2001/ESAF)** A Tabela abaixo mostra a distribuição de freqüência obtida de uma amostra aleatória dos salários anuais, em reais, de uma firma. As freqüências são acumuladas.

| Classes de Salário | Freqüências |
|:---:|:---:|
| (5.000 - 6.500) | 12 |
| (6.500 - 8.000) | 28 |
| (8.000 - 9.500) | 52 |
| (9.500 - 11.000) | 74 |
| (11.000 - 12.500) | 89 |
| (12.500 - 14.000) | 97 |
| (14.000 - 15.500) | 100 |

Assinale á opção que corresponde ao salário mediano

a) R$ 10.250,00        b) R$ 8.000,00        c) R$ 8.700,00

**d) R$ 9.375,00**        e) R$ 9.500,00

46. **(Auditor do Tesouro Municipal - Recife-2003/ ESAF)** Em uma amostra, realizada para se obter informação sobre a distribuição salarial de homens e mulheres, encontrou se que o salário médio vale R$ 1.200,00. O salário médio observado para aos homens foi de R$ 1.300,00 e para as mulheres foi de R$ 1.100,00. Assinale a opção correta.

**a) O número de homens na amostra é igual ao de mulheres.**

b) O número de homens na amostra é o dobro do de mulheres.

c) O número de homens na amostra é o triplo do de mulheres.

d) O número de mulheres é o dobro do número de homens.

e) O número de mulheres é o quádruplo do número de homens.

**(Oficial de Justiça Avaliador TJ Ceará-2002-ESAF)** A tabela abaixo apresenta a distribuição de freqüências do atributo salário mensal medido em quantidade de salários mínimos para uma amostra de 200 funcionários da empresa **X**. As duas próximas questões referem-se a essa tabela. Note que a coluna **Classes** refere-se a classes salariais em quantidades de salários mínimos e que a coluna **P** refere-se ao percentual da freqüência acumulada relativo ao total da amostra. Não existem observações coincidentes com os extremos das classes.

| Classes | P |
|:---:|:---:|
| 4 - 8 | 20 |
| 8 -12 | 60 |
| 12 - 16 | 80 |
| 16 - 20 | 98 |
| 20 - 24 | 100 |

47. Assinale a opção que corresponde ao salário médio amostral calculado a partir de dados agrupados.

**a) 11,68**      b) 13,00      c) 17,21      d) 16,00      e) 14,00

48. Assinale a opção que corresponde ao salário modal no conceito de Czuber.

a) 6      **b) 8**      c) 10      d) 12      e) 16

## EXERCÍCIOS DE MEDIDAS DE DISPERSÃO

49. **(AFC-1994)** Entre os funcionários de um órgão do governo, foi retirada uma amostra de dez indivíduos. Os números que representam as ausências ao trabalho registradas para cada um deles, no último ano, são: 0, 0, 0, 2, 2, 2, 4, 4, 6 e 10. Sendo assim, o valor do desvio padrão desta amostra.

a) $\sqrt{3}$      b) $\sqrt{9}$      **c) $\sqrt{10}$**      d) $\sqrt{30}$

50. **(AFC-1994)** Uma empresa que possui 5 máquinas copiadoras registrou, em cada uma delas, no último mês (em 1.000 unidades): 20, 23, 25, 27 e 30 cópias, respectivamente. O valor da variância desta população é:

a) 5          b) 11,6          c) 14,5          d) 25

51. **(AFC-1994)** A média e a variância do conjunto dos salários pagos por uma empresa eram R$ 285.000,00 e $1,1627 \times 10^{10}$, respectivamente. O valor da variância do conjunto dos salários após o corte de três zeros na moeda é:

a) $1,1627 \times 10^{7}$          b) $1,1627 \times 10^{6}$          c) $1,1627 \times 10^{5}$

**d) $1,1627 \times 10^{4}$**

52. **(BACEN-1994)** Em certa empresa, o salário médio era de R$ 90.000,00 e o desvio padrão dos salários era R$ 10.000,00. Todos os salários receberam um aumento de 10%. O desvio padrão dos salários passou a ser:

a) R$ 10.000,00      b) R$ 10.100,00      c) R$ 10.500,00

d) R$ 10.900,00      **e) R$ 11.000,00**

53. **(TCU-1993)** O quadro abaixo apresenta a renda mensal per capita das localidades A e B:

| Localidade | Média | Desvio padrão |
|:---:|:---:|:---:|
| A | 50 | 10 |
| B | 75 | 15 |

Assinale a opção correta:

a) O intervalo semi-interquartílico é dado por [10, 15].

b) A renda da localidade A é mais homogênea que a renda na localidade B.

c) O coeficiente de variação é 50/75.

d) A renda da localidade B é mais homogênea que a renda da localidade A.

**e) Os coeficientes de variação de renda nas localidades A e B são iguais.**

54. **(TCDF-1995)** Uma pesquisa de preços de determinado produto, realizada em dois mercados, produziu os resultados mostrados na tabela abaixo:

| Mercado | Preço Médio (R$/kg) | Desvio padrão (R$/kg) |
|---------|---------------------|------------------------|
| I       | 5,00                | 2,50                   |
| II      | 4,00                | 2,00                   |

Com base nesses resultados, é correto afirmar que:

a) No mercado **I**, a dispersão absoluta dos preços é menor que no mercado **II**.

b) O mercado **I** apresenta uma dispersão relativa (de preços) maior que a do mercado **II**.

c) No mercado **I**, a dispersão relativa é igual à dispersão absoluta.

**d) No mercado I, a dispersão relativa dos preços é igual a do mercado II.**

e) Considerando os mercados **I** e **II** como se fossem um único mercado, a dispersão absoluta da distribuição resultante é igual a 4,5.

55. **(TCDF-1995)** Dadas duas amostras A = {1, 2, 3, 4, 5} e B = {3, 4, 5, 6, 7}, considere **C** a amostra constituída pela soma aleatória de **A** e **B** e considere **D** a amostra formada pelo produto aleatório de **A** e **B**. É correto afirmar:

a) A média da amostra **C** é igual a [M(A) + M(B)]/2, em que M(A) é a medida da amostra **A** e M(B) é a medida da amostra **B**.

b) A média da amostra **B** é igual à média da amostra **A**.

**c) A variância da amostra B é igual à variância da amostra A.**

d) A variância da amostra **D** é igual ao produto das variâncias individuais das amostras **A** e **B**.

e) A média da amostra **D** é igual ao produto das médias individuais das amostras **A** e **B**.

56. **(AFCE-TCU-1995-CESPE)** Os preços do pacote de café (500 g) obtidos em diferentes supermercados locais são: R$ 3,50, R$ 2,00, R$ 1,50 e R$ 1,00. Dadas essas afirmações, julgue os itens que se seguem:

1. O preço médio do pacote de 500 g de café é de R$ 2,00. **Certo**

2. Se todos os preços tiverem uma redução de 50%, o novo preço médio será de R$ 1,50. **Errado**

3. A variância dos preços é igual a 0,625. **Errado**

4. Se todos os preços tiverem um aumento de R$ 1,00, o coeficiente de variação dos preços não se alterará. **Errado**

5. Se todos os preços tiverem um aumento de 50%, a nova variância será exatamente igual à anterior, pois a dispersão não será afetada. **Errado**

57. **(Fiscal do Trabalho-1994)** Do estudo do tempo de permanência no mesmo emprego de dois grupos de trabalhadores (**A** e **B**), obtiveram-se os seguintes resultados para as médias $\overline{X}_a$ e $\overline{X}_b$ e desvios padrão $S_a$ e $S_b$ .

**Grupo A:** $\overline{X}_a$ = **120 meses e** $S_a$ = 24 meses;

**Grupo B:** $\overline{X}_b$ = **60 meses e** $S_b$ = 15 meses.

É correto afirmar que:

a) A dispersão relativa no grupo **A** é maior que no grupo **B**.

b) A média do grupo **B** é 5/8 da média do grupo **A**.

c) A dispersão absoluta do grupo **A** é o dobro da dispersão absoluta do grupo **B**.

**d) A dispersão relativa do grupo A é 4/5 da dispersão relativa do grupo B.**

e) A média entre os dois grupos é de 180 meses.

**(AFC-1994)** Para a solução das três próximas questões considere os dados da tabela abaixo, que representa a distribuição de freqüências nas notas em uma prova de Estatística em três turmas de 100 alunos cada.

| Classes de Notas | Freqüências da Notas na Prova de Estatística | | |
|:---:|:---:|:---:|:---:|
| ------------ | Turma 01 | Turma 02 | Turma 03 |
| 0⊦—2 | 20 | 10 | 5 |
| 2⊦—4 | 40 | 15 | 10 |
| 4⊦—6 | 30 | 50 | 70 |
| 6⊦—8 | 6 | 15 | 10 |
| 8⊦—10 | 4 | 10 | 5 |
| Total | 100 | 100 | 100 |

58. Assinale a afirmação correta:

a) Moda (turma 2) < moda (turma 3).

b) Média (turma 1) > média (turma 2).

c) Média (turma 2) < média (turma 3).

**d) Mediana (turma 1) < mediana (turma 2).**

e) Mediana (turma 2) > mediana (turma 3).

59. A única opção errada é:

**a) 1º quartil (turma 1) > 1º quartil (turma 3).**

b) Desvio padrão (turma 2) > desvio padrão (turma 3).

c) Média (turma 2) = média (turma 3).

d) Coeficiente de variação (turma 2) > coeficiente de variação (turma 3).

e) Na turma 3: média = mediana = moda.

60. A distribuição de notas é simétrica em relação à média aritmética:

a) Nas três turmas.

b) Nas turmas 1 e 2.

c) Nas turmas 1 e 3.

d) Somente na turma 1.

**e) Nas turmas 2 e 3.**

61. **(Fiscal de Tributos de MG-1996)** No conjunto de dados A = {3, 5, 7, 9, 11}, o valor do desvio médio é:

a) 2,1          **b) 2,4**          c) 2,6          d) 2,8          e) 3,1

62. **(Fiscal de Tributos de MG-96)** O desvio padrão do conjunto de dados A = {2, 4, 6, 8, 10} é, aproximadamente:

a) 2,1          b) 2,4          **c) 2,8**          d) 3,2          e) 3,6

63. **(AFTN-1998)** Os dados seguintes, ordenados do menor para o maior, foram obtidos de uma amostra aleatória, de **50** preços (**Xi**) de ações, tomada numa bolsa de valores internacional. A unidade monetária é o dólar americano.

**4, 5, 5, 6, 6, 6, 6, 7, 7, 7, 7, 7, 7, 8, 8, 8, 8, 8, 8, 8, 8, 8, 9, 9, 9, 9, 9, 9, 10, 10, 10, 10, 10, 10, 10, 10, 11, 11, 12, 12, 13, 13, 14, 15, 15, 15, 16, 16, 18, 23.**

Os valores seguintes foram calculados para a amostra:

$$\sum Xi = 490 \ e \ \sum Xi^2 - \frac{\left(\sum Xi\right)^2}{50} = 668.$$

Assinale a opção que corresponde à mediana e à variância amostral, respectivamente (com aproximação de uma casa decimal).

**a) (9,0; 13,6)**          b) (9,5; 14,0)          c) (8,0; 15,0)          d) (8,0; 13,6)

e) (9,0; 14,0)

64. **(AFRF-2000)** Numa amostra de tamanho **20** de uma população de contas a receber, representadas genericamente por **X**, foram determinadas a média amostral **M = 100** e o desvio padrão **S = 13** da variável transformada **(X - 200)/5**. Assinale a opção que dá o coeficiente de variação amostral de **X**.

a) 3,0%          **b) 9,3%**          c) 17,0%          d) 17,3%

e) 10,0%

65. **(AFRF-2000)** Tem-se um conjunto de **N** mensurações $X_1$, ..., $X_N$, com média aritmética **M** e variância **S²**, onde $M = \dfrac{(X_1 + ... + X_N)}{N}$ e $S^2 = \dfrac{1}{N}\sum (Xi - M)^2$. Seja $\theta$ a proporção dessas mensurações que diferem de **M**, em valor absoluto, por pelo menos **2S**. Assinale a opção correta.

a) Apenas com o conhecimento de **M** e **S** não podemos determinar $\theta$ exatamente, mas sabe-se que $0,25 \geq \theta$.

b) O conhecimento de **M** e **S** é suficiente para determinar $\theta$ exatamente, na realidade tem-se $\theta = 5\%$ para qualquer conjunto de dados $X_1$, ..., $X_N$.

c) O conhecimento de **M** e **S** é suficiente para determinar $\theta$ exatamente, na realidade tem-se $\theta = 95\%$ para qualquer conjunto de dados $X_1$, ..., $X_N$.

d) O conhecimento de **M** e **S** é suficiente para determinar $\theta$ exatamente, na realidade tem-se $\theta = 30\%$ para qualquer conjunto de dados $X_1$, ..., $X_N$.

e) O conhecimento de **M** e **S** é suficiente para determinar $\theta$ exatamente, na realidade tem-se $\theta = 15\%$ para qualquer conjunto de dados $X_1$, ..., $X_N$.

(AFRF-2000) Em um ensaio para o estudo da distribuição de um atributo financeiro (**X**) foram examinados 200 itens de natureza contábil do balanço de uma empresa. Esse exercício produziu a tabela de freqüências abaixo. A coluna **Classes** representa intervalos de valores **X** em reais e a coluna **P** representa a freqüência relativa acumulada. Não existem observações coincidentes com os extremos das classes. A próxima questão refere-se a esses ensaios.

| Classes | P (%) |
|---------|-------|
| 70-90 | 5 |
| 90-110 | 15 |
| 110-130 | 40 |
| 130-150 | 70 |
| 150-170 | 85 |
| 170-190 | 95 |
| 190-210 T | 100 |

66. Considere a transformação **Z= (X - 140)/10**. Para o atributo **Z** encontrou-se $\sum_{i=1}^{7} Zi^2 . fi = 1680$, onde **fi** é a freqüência simples da classe **i** e **Zi** o ponto médio de classe transformado. Assinale a opção que dá a variância amostral do atributo **X**.

a) 720,00        **b) 840,20**        c) 900,10        d) 1200,15

e) 560,30

67. (AFRF-2000) Um atributo **W** tem média amostral **a ≠ 0** e desvio padrão positivo **b ≠ 1**. Considere a transformação **Z = (W - a)/b**. Assinale a opção correta:

a) A média amostral de **Z** coincide com a de **W**.

b) O coeficiente de variação amostral de **Z** é unitário.

**c) O coeficiente de variação amostral de Z não está definido.**

d) A média de **Z** é **a/b**.

e) O coeficiente de variação amostral de **W** e o de **Z** coincidem.

**(AFRF-2002.2)** Para a solução da próxima questão utilize o enunciado que segue. O atributo do tipo contínuo **X**, observado como um inteiro, numa amostra de tamanho 100 obtida de uma população de 1.000 indivíduos, produziu a tabela de freqüência seguinte:

| Classes | Freqüência (f) |
|---------|----------------|
| 29,5 - 39,5 | 4 |
| 39,5 - 49,5 | 8 |
| 49,5 - 59,5 | 14 |
| 59,5 - 69,5 | 20 |
| 69,5 - 79,5 | 26 |
| 79,5 - 89,5 | 18 |
| 89,5 - 99,5 | 10 |

68. assinale a opção que corresponde ao desvio absoluto médio do atributo **X**.

a) 16,0        b) 17,0          c) 16,6          d) 18,1          **e) 13,0**

69. **(AFRF-2002.2)** Uma variável contábil **Y**, medida em milhares de reais, foi observada em dois grupos de empresas apresentando os resultados seguintes:

| Grupo | Média | Desvio padrão |
|-------|-------|---------------|
| A | 20 | 4 |
| B | 10 | 3 |

Assinale a opção correta.

a) No grupo **B**, **Y** tem maior dispersão absoluta.

b) A dispersão absoluta de cada grupo é igual à dispersão relativa.

**c) A dispersão relativa do grupo B é maior do que a dispersão relativa do grupo A.**

d) A dispersão relativa de **Y** entre os grupos **A** e **B** é medida pelo quociente da diferença de desvios padrão pela diferença de médias.

e) Sem o conhecimento dos quartis não é possível calcular a dispersão relativa nos grupos.

70. **(FTE-PA-2002/ESAF)** Um certo atributo **W**, medido em unidades apropriadas, tem média amostral 5 e desvio padrão unitário. Assinale a opção que corresponde ao coeficiente de variação, para a mesma amostra, do atributo **Y = 5 + 5W**.

a) **16,7%**   b) 20,0%   c) 55,0%   d) 50,8%   e) 70,2%

71. **(AFPS-2002-ESAF)** Dada a seqüência de valores 4, 4, 2, 7 e 3, assinale a opção que dá o valor da variância. Use o denominador 4 em seus cálculos.

a) 5,5   b) 4,5   c) **3,5**   d) 6,0   e) 16,0

A tabela de freqüências abaixo deve ser utilizada na próxima questão e apresenta as freqüências (**fi**) correspondentes as idades dos funcionários (**X**) de uma escola. Não existem realizações de **X** coincidentes com as extremidades das classes salariais.

| Classes de Idades (anos) | Freqüências (fi) |
|---|---|
| 19, 5 ⊢— 24,5 | 2 |
| 24,5 ⊢— 29,5 | 9 |
| 29,5 ⊢— 34,5 | 23 |
| 34,5 ⊢— 39,5 | 29 |
| 39,5 ⊢— 44,5 | 18 |
| 44,5 ⊢— 49,5 | 12 |
| 49,5 ⊢— 54,5 | 7 |
| Total | |

72. Para o atributo **X** tem-se $\sum_{i=1}^{7} PMi^2 \cdot fi = 147970$, em que **fi** é a freqüência simples da classe **i** e **PMi** o ponto médio de cada classe da distribuição. Considerando a transformação **Z = (X - 27,8)/10**, assinale a opção que dá a variância relativa do atributo **Z**.

a) 0,42   b) **0,51**   c) 0,59   d) 0,65   e) 0,72

73. **(Oficial de Justiça Avaliador TJ Ceará-2002-ESAF)** Aplicando a transformação **Z = (X - 14)/4** aos pontos médios das classes (**X**) obteve-se o desvio padrão de 1,10 salários mínimos. Assinale a opção que corresponde ao desvio padrão dos salários não transformados.

a) 6,20     **b) 4,40**     c) 5,00     d) 7,20     e) 3,90

## EXERCÍCIOS DE MOMENTO, ASSIMETRIA E CURTOSE

74. **(AFTN-1994)** Assinale a alternativa correta:

a) Toda medida de posição ou de assimetria é um momento de uma variável aleatória.

b) A média aritmética é uma medida de posição, cuja representatividade independe da variação da variável, mas depende do grau de assimetria da distribuição de freqüência.

c) Em qualquer distribuição de freqüência, a média aritmética é mais representativa do que a média harmônica.

d) A soma dos quadrados dos resíduos em relação à média aritmética é nula.

e) **A moda, a mediana e a média aritmética são medidas de posição com valores expressos em reais que pertencem ao domínio da variável a que se referem.**

75. **(AFTN-1994)** Indique a opção correta:

a) O coeficiente de assimetria, em qualquer distribuição de freqüência, é menor do que o coeficiente de curtose.

b) O coeficiente de assimetria, em uma distribuição de freqüência, é um real no intervalo [-3, 3].

c) O coeficiente de curtose, em uma distribuição de freqüência, é igual a três vezes o quadrado da variância da distribuição.

d) **O coeficiente de curtose é igual a três em uma distribuição normal padrão.**

e) Em uma distribuição simétrica, o coeficiente de curtose é nulo.

76. **(AFTN-1998)** Pede-se a um conjunto de pessoas que executem uma tarefa manual específica que exige alguma habilidade. Mede-se o tempo **T** que cada um leva para executar a tarefa. Assinale a opção que, em geral, mais se aproxima da distribuição amostral de tais observações.

a) Espera-se que a distribuição amostral de **T** seja em forma de U, simétrica e com duas modas nos extremos.

b) Espera-se que a distribuição amostral seja em forma de sino.

c) Na maioria das vezes a distribuição de **T** será retangular.

**d) Espera-se que a distribuição amostral seja assimétrica à esquerda.**

e) Quase sempre a distribuição será simétrica e triangular.

77. **(AFTN-1998)** Os dados seguintes, ordenados do menor para o maior, foram obtidos de uma amostra aleatória, de **50** preços (**Xi**) de ações, tomada numa bolsa de valores internacional. A unidade monetária é o dólar americano.

**4, 5, 5, 6, 6, 6, 6, 7, 7, 7, 7, 7, 7, 8, 8, 8, 8, 8, 8, 8, 8, 8, 9, 9, 9, 9, 9, 9, 10, 10, 10, 10, 10, 10, 10, 10, 11, 11, 12, 12, 13, 13, 14, 15, 15, 15, 16, 16, 18, 23.**

Pode-se afirmar que:

a) A distribuição amostral dos preços tem assimetria negativa.

**b) A distribuição amostral dos preços tem assimetria positiva.**

c) A distribuição amostral dos preços é simétrica.

d) A distribuição amostral dos preços indica a existência de duas subpopulações com assimetria negativa.

e) Nada se pode afirmar quanto à simetria da distribuição amostral dos preços.

78. **(AFTN-1998)** Assinale a opção correta:

a) Para qualquer distribuição amostral, se a soma dos desvios das observações relativamente à média for negativa, a distribuição amostral terá assimetria negativa.

b) O coeficiente de variação é uma medida que depende da unidade em que as observações amostrais são medidas.

**c) O coeficiente de variação do atributo obtido pela subtração da média de cada observação e posterior divisão pelo desvio padrão não está definido.**

d) Para qualquer distribuição amostral pode-se afirmar com certeza que 95% das observações amostrais estarão compreendidas entre a média menos dois desvios padrão e a média mais dois desvios padrão.

e) As distribuições amostrais mesocúrticas em geral apresentam cauda pesada e curtose excessiva.


**(AFRF-2002)** Em um ensaio para o estudo da distribuição de um atributo financeiro (**X**) foram examinados 200 itens de natureza contábil do balanço de uma empresa. Esse exercício produziu a tabela de freqüências abaixo. A coluna **Classes** representa intervalos de valores **X** em reais e a coluna **P** representa a freqüência relativa acumulada. Não existem observações coincidentes com os extremos das classes. A próxima questão refere-se a esses ensaios.

| Classes | P (%) |
|---------|-------|
| 70 - 90 | 5 |
| 90 - 110 | 15 |
| 110 - 130 | 40 |
| 130 - 150 | 70 |
| 150 - 170 | 85 |
| 170 - 190 | 95 |
| 190 - 210 | 100 |

79. Seja **S** o desvio padrão do atributo **X**. Assinale a opção que corresponde à medida de assimetria de **X** como definida pelo primeiro coeficiente de Pearson.

**a) 3/S**      b) 4/S          c) 5/S          d) 6/S          e) 0

80. **(AFRF-2002)** Entende-se por curtose de uma distribuição seu grau de achatamento, em geral, medido em relação à distribuição normal. Uma medida de curtose é dada pelo quociente:

$$K = \frac{Q}{P_{90} - P_{10}}$$

em que **Q** é a metade da distância interquartílica e **P$_{90}$** e **P$_{10}$** representam os percentis de **90%** e **10%**, respectivamente. Assinale a opção que dá o valor da curtose **K** para a distribuição de **X**.

**(AFRF-2002.2)** Para a solução da próxima questão utilize o enunciado que segue. O atributo do tipo contínuo **X**, observado como um inteiro, numa amostra de tamanho 100 obtida de uma população de 1.000 indivíduos, produziu a tabela de freqüências seguinte:

| Classes | Freqüência |
|---|---|
| 29,5 - 39,5 | 4 |
| 39,5 - 49,5 | 8 |
| 49, 5 - 59, 5 | 14 |
| 59, 5 - 69, 5 | 20 |
| 69, 5 - 79, 5 | 26 |
| 79, 5 - 89, 5 | 18 |
| 89, 5 - 99, 5 | 10 |

81. Assinale á opção que dá o valor do coeficiente quartílico de assimetria.

a) 0,080      b) -0,206      c) 0,000      **d)-0,095**      e) 0,300

82. (AFRF-2002.2) Para a distribuição de freqüências do atributo **X** sabe-se que:

$$\sum_{i=1}^{7}(Xi-\overline{X})^{2}.fi=24.500 \text{ e que } \sum_{i=1}^{7}\left(Xi-\overline{X}\right)^{4}.fi=14.682.500$$

Nessas expressões os **Xi** representam os pontos médios das classes e $\overline{X}$ a média amostral. Assinale a opção correta. Considere para sua resposta a fórmula da curtose com base nos momentos centrados e suponha que o valor de curtose encontrado é populacional.

a) A distribuição do atributo **X** é leptocúrtica.

**b) A distribuição do atributo X é platicúrtica.**

c) A distribuição do atributo **X** é indefinida do ponto de vista da intensidade da curtose.

d) A informação dada se presta apenas ao cálculo do coeficiente de assimetria com base nos momentos centrados de **X**.

e) A distribuição de **X** é normal.

83. **(AFPS-2002-ESAF)** A tabela abaixo dá a distribuição de freqüências de um atributo **X** para uma amostra de tamanho **66**. As observações foram agrupadas em **9** classes de tamanho **5**. Não existem observações coincidentes com os extremos das classes.

| Classes | Freqüências |
|:---:|:---:|
| 4 - 9 | 5 |
| 9 - 14 | 9 |
| 14 - 19 | 10 |
| 19 - 24 | 15 |
| 24 - 29 | 12 |
| 29 - 34 | 6 |
| 34 - 39 | 4 |
| 39 - 44 | 3 |
| 44 - 49 | 2 |

Sabe-se que o desvio padrão da distribuição de **X** é aproximadamente **10**. Assinale a opção que dá o valor do coeficiente de assimetria de Pearson que é baseado na média, na mediana e no desvio padrão.

a) -0,600          **b) 0,191**          c) 0,709

d) 0,603          e) -0,610

84. **(AFPS-2002-ESAF)** Uma estatística importante para o cálculo do coeficiente de assimetria de um conjunto de dados é o momento central de ordem três $\mu_3$. Assinale a opção correta.

a) O valor de $\mu_3$ é obtido calculando-se a média dos desvios absolutos em relação à média.

b) O valor de $\mu_3$ é obtido calculando-se a média dos quadrados dos desvios em relação à média.

c) O valor de $\mu_3$ é obtido calculando-se a média dos desvios positivos em relação à média.

d) O valor de $\mu_3$ é obtido subtraindo-se o cubo da média da massa de dados da média dos cubos das observações.

e) **O valor de $\mu_3$ é obtido calculando-se a média dos cubos dos desvios em relação à média.**

85. **(TCU-1993)** Os montantes de venda a um grupo de clientes de um supermercado forneceram os seguintes sumários: média aritmética = R$ 1,20, mediana = R$ 0,53 e moda = R$ 0,25. Com base nestas informações, assinale a opção correta:

a) **A distribuição é assimétrica à direita.**

b) A distribuição é assimétrica à esquerda.

c) A distribuição é simétrica.

d) Entre os três indicadores de posição apresentados, a média aritmética é a melhor medida de tendência central.

e) O segundo quartil dos dados acima é dado por R$ 0,25.

# EXERCÍCIOS DE NÚMEROS-ÍNDICES

(AFTN-1994) Considere a estrutura de preços e de quantidades relativa a um conjunto de quatro bens, transcrita a seguir, para responder as três próximas questões.

| Anos | ANO-ZERO (BASE) | | ANO 1 | | | ANO 2 | | ANO 3 |
|------|--------|------------|--------|------------|--------|------------|--------|------------|
| Bens | Preços | Quantidade | Preços | Quantidade | Preços | Quantidade | Preços | Quantidade |
| B1 | 5 | 5 | 8 | 5 | 10 | 10 | 12 | 10 |
| B2 | 10 | 5 | 12 | 10 | 15 | 5 | 20 | 10 |
| B3 | 15 | 10 | 18 | 10 | 20 | 5 | 20 | 5 |
| B4 | 20 | 10 | 22 | 5 | 25 | 10 | 30 | 5 |

86. Os índices de quantidade de Paasche, correspondentes aos quatro anos, são iguais, respectivamente a:

a) 100,0; 90,8; 92,3; 86,4

**b) 100,0; 90,0; 91,3; 86,4**

c) 100,0; 90,0; 91,3; 83,4

d) 100,0; 90,8; 91,3; 82,2

e) 100,0; 90,6; 91,3; 86,4


87. Os índices de quantidades de Laspeyres correspondentes aos quatro anos:

a) Permanecem constantes nos três anos que se seguem à base.

b) Decrescem nos dois anos que se seguem à base e crescem no último ano.

c) Decrescem nos três anos que se seguem à base.

d) Decrescem no ano que se segue à base e crescem nos dois anos restantes.

**e) Permanecem constantes nos dois primeiros anos que se seguem à base.**

88. Os índices de preços de Laspeyres correspondentes aos quatro anos são iguais, respectivamente, a:

**a) 100,0; 117,1; 135,3; 155,3**

b) 100,0; 112,6; 128,7; 142,0

c) 100,0; 112,6; 132,5; 146,1

d) 100,0; 117,7; 132,5; 146,1

e) 100,0; 117,7; 133,3; 155,3


89. **(AFTN-1994)** Assinale a assertiva correta:

**a) O índice de preços de Paasche referencia o valor da produção, em cada período de tempo, ao valor que esta produção teria na base.**

b) No índice de preços de Laspeyres, as quantidades dos bens, e os seus respectivos preços, variam a cada período de tempo.

c) Os índices de Paasche satisfazem à prova de reversão de fatores, isto é, o produto dos índices de preços e de quantidades coincide com os índices de valor, em cada período de tempo.

d) Os índices de preços e de quantidades de Laspeyres são índices relativos ponderados, mas os de Paasche não o são.

e) Não se pode proceder à junção de duas séries de índices de base fixa quando eles são referenciados a bases distintas.

**(AFTN-1996)** Para efeito das duas próximas questões, considere os seguintes dados:

| Artigos | Quantidades (1.000 t) | | | Preços (R$/t) | | |
|---------|------|------|------|------|------|------|
| | 1993 | 1994 | 1995 | 1993 | 1994 | 1995 |
| A1 | 12 | 13 | 14 | 58 | 81 | 109 |
| A2 | 20 | 25 | 27 | 84 | 120 | 164 |

90. Marque a opção que representa os índices de Laspeyres de preços, no período de 1993 a 1995, tomando por base o ano de 1993.

a) 100,0; 141,2; 192,5

b) 100,0; 141,4; 192,8

**c) 100,0; 141,8; 193,1**

d) 100,0; 142,3; 193,3

e) 100,0; 142,8; 193,7

91. Marque a opção que representa os índices de Paasche de preços, no período de 1993 a 1995, tomando por base o ano de 1993.

a) 100,0; 141.3; 192,3

b) 100,0; 141.6; 192,5

c) 100,0; 141,8; 192,7

**d) 100,0; 142,0; 193,3**

e) 100,0; 142.4; 193,6

92. **(AFTN-1998)** A tabela abaixo apresenta a evolução de preços e quantidades de cinco produtos:

| Ano | 1960 (ano-base) | | 1970 | 1979 |
|---|---|---|---|---|
| | Preço ($p_0$) | Quant. ($q_0$) | Preço ($p_1$) | Preço ($p_2$) |
| Produto A | 6,5 | 53 | 11,2 | 29,3 |
| Produto B | 12,2 | 169 | 15,3 | 47,2 |
| Produto C | 7,9 | 27 | 22,7 | 42,6 |
| Produto D | 4,0 | 55 | 4,9 | 21,0 |
| Produto E | 15,7 | 393 | 26,2 | 64,7 |
| Totais | $\sum p_0 \cdot q_0 = 9.009,7$ | | $\sum p_1 \cdot q_0 = 14.358,3$ | $\sum p_2 \cdot q_0 = 37.262,0$ |

Assinale a opção que corresponde aproximadamente ao índice de Laspeyres para 1979, com base em 1960.

a) 415,1    **b) 413,6**    c) 398,6    d) 414,4    e) 416,6

93. **(AFTN-1998)** A tabela seguinte dá a evolução de um índice de preço calculado com base no ano de 1984.

| Ano | 1981 | 1982 | 1983 | 1984 | 1985 | 1986 |
|-----|------|------|------|------|------|------|
| Índice | 75 | 88 | 92 | 100 | 110 | 122 |

No contexto da mudança de base do índice para 1981 assinale a opção correta:

a) Basta dividir a série de preços pela média entre 0,75 e 1,00.

b) Basta a divisão por 0,75 para se obter a série de preços na nova base.

c) Basta multiplicar a série por 0,75 para se obter a série de preços na nova base.

**d) O ajuste da base depende do método utilizado na construção da série de preços, mas a divisão por 0,75 produz uma aproximação satisfatória.**

e) Basta multiplicar a série de preços pela média entre 0,75 e 1,00.

94. **(AFRF-2000)** Uma empresa produz e comercializa um determinado bem **X**. A empresa quer aumentar em 60% seu faturamento com **X**. Pretende atingir este objetivo aumentando o preço do produto e a quantidade produzida em **20%**. Supondo que o mercado absorva o aumento de oferta e eventuais acréscimos de preço, qual seria o aumento de preço necessário para que a firma obtenha o aumento de faturamento desejado?

a) 25,3 %    b) 20,5%    **c) 33,3%**    d) 40,0%    e) 35,6%

95. **(AFRF-2000)** Um índice de preços com a propriedade circular, calculado anualmente, apresenta a seqüência de acréscimos $\delta_1 = 3\%$, $\delta_2 = 2\%$ e $\delta_3 = 2\%$, medidos relativamente ao ano anterior, a partir do ano $t_o$. Assinale a opção que corresponde ao aumento de preço do período $t_{0+2}$ em relação ao período $t_{0-1}$.

a) 7,00%     b) 6,08%     **c) 7,16%**     d) 9,00%     e) 6,11%

96. **(AFRF-2002)** A inflação de uma economia, em um período de tempo **t**, medida por um índice geral de preços, foi de 30%. Assinale a opção que dá a desvalorização da moeda dessa economia no mesmo período.

a) 30,00%     **b) 23,08%**     c) 40,10%     d) 35,30%     e) 25,00%

97. **(AFRF-2002.2)** No tempo $t_{0+2}$ o preço médio de um bem é 30% maior do que em $t_{0+1}$, 20% menor do que em $t_0$ e 40% maior do que em $t_{0+3}$. Assinale a opção que dá o relativo de preços do bem em $t_{0+3}$ com base em $t_{0+1}$.

a) 162,5%     b) 130,0%     c) 120,0%     **d) 92,9%**     e) 156,0%

# PROVA DE ESTATÍSTICA – AFRF-2003

01. As realizações anuais **Xi** dos salários anuais de uma firma com **N** empregados produziram as estatísticas:

$$\overline{X} = \frac{1}{N} \sum_{i=1}^{N} Xi = R\$14.300,00 \ \text{ e } \ S = \left[ \frac{1}{N} \sum_{i=1}^{N} \left(Xi - \overline{X}\right)^2 \right]^{0,5} = R\$1.200,00$$

Seja **P** a proporção de empregados com salários fora do intervalo {R$ 12.500,00; R$ 16.100,00}. Assinale a opção correta:

a) **P** é no máximo $\dfrac{1}{2}$.

b) **P** é no máximo $\dfrac{1}{1,5}$.

c) **P** é no mínimo $\dfrac{1}{2}$.

d) **P é no máximo** $\dfrac{1}{2,25}$.

e) **P** é no máximo $\dfrac{1}{20}$.

As duas próximas questões dizem respeito ao enunciado seguinte:

Considere a tabela de freqüências seguinte correspondente a uma amostra da variável **X**. Não existem observações coincidentes com os extremos das classes.

| Classes | Freqüência Acumuladas (%) |
|---|---|
| 2.000 – 4.000 | 5 |
| 4.000 – 6.000 | 16 |
| 6.000 – 8.000 | 42 |
| 8.000 – 10.000 | 77 |
| 10.000 – 12.000 | 89 |
| 12.000 – 14.000 | 100 |

02. Assinale a opção que corresponde à estimativa do valor de **X** da distribuição amostral de **X** que não é superado por cerca de 80% das observações.

a) 10.000    b) 12.000    c) 12.500    d) 11.000    **e) 10.500**

03. Assinale a opção que corresponde ao valor do coeficiente de assimetria percentílico da amostra de **X**, baseado no 1°, 5° e 9° decis.

a) 0,024     b) 0,300          c) 0,010          d) -0,300          **e) -0,028**

04. Dadas as três séries de índices de preços abaixo, assinale a opção correta:

| Ano | $S_1$ | $S_2$ | $S_3$ |
|-----|-----|-----|-----|
| 1999 | 50 | 75 | 100 |
| 2000 | 75 | 100 | 150 |
| 2001 | 100 | 125 | 200 |
| 2002 | 150 | 175 | 300 |

a) As três séries mostram a mesma evolução de preços.

**b) A série $S_2$ mostra evolução de preços distinta das séries $S_1$ e $S_3$.**

c) A série $S_3$ mostra evolução de preços distinta das séries $S_1$ e $S_2$.

d) A série $S_1$ mostra evolução de preços distinta das séries $S_2$ e $S_3$.

e) As três séries não podem ser comparadas, pois têm períodos-base distintos.

05. O atributo $Z = (X - 2)/3$ tem média amostral **20** e variância amostral **2,56**. Assinale a opção que corresponde ao coeficiente de variação amostral de **X**.

a) 12,9%     b) 50,1%     **c) 7,7%**          d) 31,2%          e) 10,0%

# PROVA DE ESTATÍSTICA – AFRF-2005

01. Para dados agrupados representados por uma curva de freqüências, as diferenças entre os valores da média, da mediana e da moda são indicadores da assimetria da curva. Indique a relação entre essas medidas de posição para uma distribuição negativamente assimétrica.

a) A média apresenta o maior valor e a mediana se encontra abaixo da moda.

b) A moda apresenta o maior valor e a média se encontra abaixo da mediana.

c) A média apresenta o menor valor e a mediana se encontra abaixo da moda.

d) A média, a mediana e a moda são coincidentes em valor.

e) A moda apresenta o menor valor e a mediana se encontra abaixo da média.

02. Uma empresa verificou que, historicamente, a idade média dos consumidores de seu principal produto é de 25 anos, considerada baixa por seus dirigentes. Com o objetivo de ampliar sua participação no mercado, a empresa realizou uma campanha de divulgação voltada para consumidores com idades mais avançadas. Um levantamento realizado para medir o impacto da campanha indicou que as idades dos consumidores apresentaram a seguinte distribuição:

| Idade (X) | Freqüência | Porcentagem |
|:---:|:---:|:---:|
| 18⊢ 25 | 20 | 40 |
| 25⊢ 30 | 15 | 30 |
| 30⊢ 35 | 10 | 20 |
| 35⊢ 40 | 5 | 10 |
| Total | 50 | 100 |

Assinale a opção que corresponde ao resultado da campanha considerando o seguinte critério de decisão: se a diferença $\overline{X}$-25 for maior que o valor $2\sigma_x/\sqrt{n}$, então a campanha de divulgação surtiu efeito, isto é, a idade média aumentou; caso contrário, a campanha de divulgação não alcançou o resultado desejado.

a) A campanha surtiu efeito, pois $\overline{X}$-25 = 2,1 é maior que $2\sigma_x/\sqrt{n}$ =1,53.

b) A campanha não surtiu efeito, pois $\overline{X}$-25 = 0 é menor que $2\sigma_x/\sqrt{n}$ =1,64.

c) A campanha surtiu efeito, pois $\overline{X}$-25 =2,1 é maior que $2\sigma_x/\sqrt{n}$ =1,41.

d) A campanha não surtiu efeito, pois $\overline{X}$-25 = 0 é menor que $2\sigma_x/\sqrt{n}$ =1,53.

e) A campanha surtiu efeito, pois $\overline{X}$-25 = 2,5 é maior que $2\sigma_x/\sqrt{n}$ =1,41.

03. Considerando-se os dados sobre os preços e as quantidades vendidas de dois produtos em dois anos consecutivos, assinale a opção correta.

| Ano | Produto I | | Produto II | |
|---|---|---|---|---|
| | P11 | Q11 | P21 | Q21 |
| 1 | 40 | 6 | 40 | 2 |
| 2 | 60 | 2 | 20 | 6 |

a) O índice de Laspeyres indica um aumento de 50% no nível de preços dos dois produtos, enquanto o índice de Paasche indica uma redução de 50%.

b) Os fatores de ponderação no cálculo do índice de Laspeyres são 80 para o preço relativo do produto 1 e 240 para o preço relativo do produto 2.

c) O índice de Laspeyres indica um aumento de 25% no nível de preços dos dois produtos, enquanto o índice de Paasche indica uma redução de 75%.

d) Os fatores de ponderação no cálculo do índice de Paasche são 240 para o preço relativo do produto 1 e 80 para o preço relativo do produto 2.

e) O índice de Laspeyres indica um aumento de 25% no nível de preços dos dois produtos, enquanto o índice de Paasche indica uma redução de 25%.

04. Para uma amostra de dez casais residentes em um mesmo bairro, registraram-se os seguintes salários mensais (em salários mínimos):

| Identificação do casal | 1 | 2 | 3 | 4 | 5 | 6 | 7 | 8 | 9 | 10 |
|---|---|---|---|---|---|---|---|---|---|---|
| Salário do marido (Y) | 30 | 25 | 18 | 15 | 20 | 20 | 21 | 20 | 25 | 27 |
| Salário da esposa (X) | 20 | 25 | 12 | 10 | 10 | 20 | 18 | 15 | 18 | 23 |

Sabe-se que:

$$\sum_{i=1}^{10} Yi = 221 \qquad \sum_{i=1}^{10} Yi^2 = 5069 \qquad \sum_{i=1}^{10} Xi.Yi = 3940$$

$$\sum_{i=1}^{10} Xi = 171 \qquad \sum_{i=1}^{10} Xi^2 = 3171$$

Assinale a opção cujo valor corresponda à correlação entre os salários dos homens e os salários das mulheres.

a) 0,72

b) 0,75

c) 0,68

d) 0,81

e) 0,78

05. Assinale a opção que expresse a relação entre as médias aritmética ( $\overline{X}$ ), geométrica (G) e harmônica (H), para um conjunto de n valores positivos ($X_1$, $X_2$, ..., $X_n$):

a) $G \leq H \leq \overline{X}$, com $G = H = \overline{X}$ somente se os n valores forem todos iguais.

b) $G \leq H \leq \overline{X}$, com $G = \overline{X} = H$ somente se os n valores forem todos iguais.

c) $\overline{X} \leq G \leq H$, com $\overline{X} = G = H$ somente se os n valores forem todos iguais.

d) $H \leq G \leq \overline{X}$, com $H = G = \overline{X}$ somente se os n valores forem todos iguais.

e) $\overline{X} \leq H \leq G$, com $\overline{X} = H = G$ somente se os n valores forem todos iguais.

06. De posse dos resultados de produtividade alcançados por funcionários de determinada área da empresa em que trabalha, o Gerente de Recursos Humanos decidiu empregar a seguinte estratégia: aqueles funcionários com rendimento inferior a dois desvios padrões abaixo da média (Limite Inferior - LI) deverão passar por treinamento específico para melhorar seus desempenhos; aqueles funcionários com rendimento superior a dois desvios padrões acima de média (Limite Superior - LS) serão promovidos a líderes de equipe.

| Indicador | Freqüência |
|---|---|
| 0l— 2 | 10 |
| 2l— 6 | 20 |
| 4l— 6 | 240 |
| 6l— 8 | 410 |
| 8l— 10 | 120 |
| Total | 800 |

Assinale a opção que apresenta os limites LI e LS a serem utilizados pelo Gerente de Recursos Humanos.

a) LI = 4,0 e LS = 9,0

b) LI = 3,6 e LS = 9,4

c) LI = 3,0 e LS = 9,8

d) LI = 3,2 e LS = 9,4

e) LI = 3,4 e LS = 9,6

07. Em uma determinada semana uma empresa recebeu as seguintes quantidades de pedidos para os produtos A e B:

| Produto A | 39 | 33 | 25 | 30 | 41 | 36 | 37 |
|---|---|---|---|---|---|---|---|
| Produto B | 50 | 52 | 47 | 49 | 54 | 40 | 43 |

Assinale a opção que apresente os coeficientes de variação dos dois produtos:

a) CVA = 15,1% e CVB = 12,3%

b) CVA = 16,1% e CVB = 10,3%

c) CVA = 16,1% e CVB = 12,3%

d) CVA = 15,1% e CVB = 10,3%

e) CVA = 16,1% e CVB = 15,1%

# GABARITO:

01- Opção correta B ou C (duas opções estão corretas); 02- A; 03- E; 04- B; 05- D; 06- Questão anulada, pois houve um erro de digitação na coluna das Classes; 07- B.

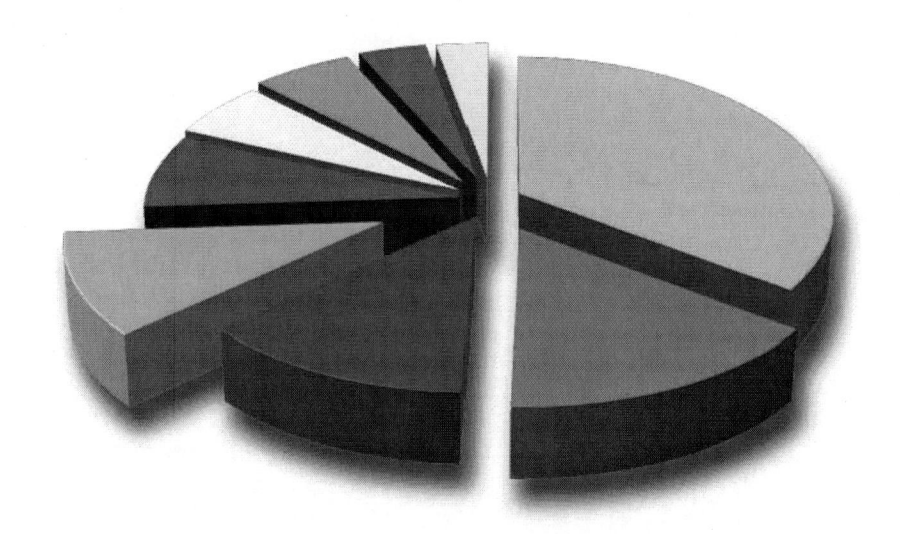

# BIBLIOGRAFIA

# BIBLIOGRAFIA BÁSICA

MOORE, David S.& McCabe, George P. *Introduction to the Practice of Statistics*. 3rd Edition. New York, USA: W.H. Freeman and Company, 1999.

SPIEGEL, Murray. *Estatística*. Coleção Schaum. São Paulo: McGraw-Hill Book do Brasil, 1970.

CARVALHO FILHO, Sérgio de. *Estatística Básica para concursos: teoria e 150 questões/Sérgio Carvalho*. – Niterói, RJ: Impetus, 2004.

MOORE, David S. & McCABE, George P. *Introdução à Prática da Estatística*-3ª edição. Rio de Janeiro, Editora LTC, 2002.

TOLEDO, Geraldo Luciano. *Estatística Básica por Geraldo Luciano Toledo e Ivo Izidoro Ovalle*. 2ª edição. São Paulo: Atlas, 1983.

HOEL, Paul Gerhard. *Estatística Elementar*. Tradução de Carlos Roberto Vieira Araújo. 1ª edição 9ª tiragem. São Paulo: Atlas, 1981.

FONSECA, Jairo Simon da. *Curso de Estatística por Jairo Simon da Fonseca e Gilberto de Andrade Martins*. 5ª edição. São Paulo: Atlas, 1994

STEVENSON, Willian J. *Estatística aplicada à administração*. Ed. Harbra, 1988.

WONNACOTT,R.J. & Wonnacott,T.H. *Fundamentos de Estatística*. Rio de Janeiro, Livros Técnicos e Científicos Editora S/A, 1985.

# BIBLIOGRAFIA COMPLEMENTAR

BUNCHAFT, G. & Kellner,S.R.O. *Estatística sem Mistérios*. Volumes I,II e III. Petrópolis, RJ: Editora Vozes, 1997.

CRESPO, Antônio Arnot. *Estatística Fácil*. 10ª edição. São Paulo: Saraiva, 1993.

# ANOTAÇÕES

**Impressão e Acabamento**
Gráfica Editora Ciência Moderna Ltda.
Tel.: (21) 2201-6662